国家自然科学基金"晚三叠世四川盆地不同类型三角洲内部构型及成因模式"（41572079）资助

四川盆地上三叠统碎屑岩沉积储层研究图集

施振生　孙莎莎　郭长敏　吴长江　等编著

石油工业出版社

内容提要

本书系统整理与总结了四川盆地上三叠统的构造背景、地层组成及划分、主要岩石类型及沉积构造类型与特征（生物成因构造、化学成因构造和物理成因构造），精选大量野外露头照片和典型井岩心照片，识别出混积型碳酸盐岩缓坡沉积体系、滩坝沉积体系、河流—三角洲沉积体系、湖泊沉积体系四种沉积体系类型，阐述不同沉积体系的平面分布差异和纵向演化特征，揭示其形成分布受构造活动、古地形、湖平面变化、多物源等多种因素的控制，不同因素差异造成沉积体系类型及分布差异。

本书可供从事油气勘探和开发的地质工作者及高等院校相关专业师生参考使用。

图书在版编目（CIP）数据

四川盆地上三叠统碎屑岩沉积储层研究图集 / 施振生等编著 .—北京石油工业出版社，2022.1

ISBN 978-7-5183-4877-0

Ⅰ. ①四… Ⅱ. ①施… Ⅲ. ①四川盆地 – 晚三叠世 – 碳酸盐岩油气藏 – 储集层 – 研究 – 图集 Ⅳ. ① P618.130.271-64

中国版本图书馆 CIP 数据核字（2021）第 189953 号

出版发行：石油工业出版社
　　　　　（北京安定门外安华里 2 区 1 号　100011）
　　　　　网　　址：www.petropub.com
　　　　　编辑部：（010）64251539　　图书营销中心：（010）64523633
经　　销：全国新华书店
印　　刷：北京中石油彩色印刷有限责任公司

2022 年 1 月第 1 版　2022 年 1 月第 1 次印刷
889×1194 毫米　开本：1/16　印张：14.25
字数：330 千字

定价：150.00 元
（如出现印装质量问题，我社图书营销中心负责调换）
版权所有，翻印必究

前言

四川盆地为大型叠合盆地，发育海相和陆相两大套含油气系统。上三叠统须家河组是陆相含油气系统的主要勘探层系，其勘探工作始于20世纪50年代，2005年以前，须家河组勘探以局部构造勘探和兼探为主，仅发现了几个中小型构造气藏，一直未取得重大突破。2005年，川中地区广安2井在须六段获日产天然气 $4.2 \times 10^4 m^3$，展示了须家河组岩性气藏良好的勘探前景，拉开了须家河组岩性气藏勘探的序幕。

为了进一步整体认识四川盆地须家河组天然气成藏条件和富集规律，指导川中地区须家河组勘探，中国石油勘探与生产分公司组织中国石油勘探开发研究院廊坊分院、北京院、西南油气田分公司、川庆钻探有限公司等多家单位对四川盆地须家河组开展联合攻关，以资源潜力研究为基础，以沉积和砂体研究为重点，以储层展布研究为主线，开展了盆地构造特征、烃源岩分布、沉积体系与砂体展布、储层主控因素、天然气富集规律和勘探配套技术等方面的攻关，全面系统研究了须家河组的构造、地层、沉积、储层等成藏地质条件，创新提出岩性大气区理论认识，认为川中地区须家河组是大型斜坡背景上，由相似成藏条件控制、以岩性气藏为主，由多个气藏（田）群组成，纵向上相互叠加、横向上复合连片的大型含气区。稳定克拉通基底上的小冲断大斜坡背景、广覆式生储盖组合和大面积多层段低孔渗储层三大要素的良好匹配是形成川中地区须家河组岩性大气区的关键；配套形成了岩性大气区勘探四项关键技术，即有效储层预测及流体识别技术、低渗透储层测井评价技术、气层发现及保护技术、提高单井产能技术。提出并形成了岩性大气区整体研究、整体勘探、整体控制的三个整体勘探思路，识别评价、科学探索（包括重点预探）、整体部署、技术攻关、整体控制的五个步骤勘探程序以及勘探开发一体化的勘探方法。持续的地质研究认识创新和工程技术攻关，有效指导了勘探实践，推动了四川盆地须家河组天然气勘探的大发现，"十一五"以来，在须家河组先后发现了广安、合川、安岳、潼南、龙岗、蓬莱、营山等多个千亿立方米大气田（区），新增天然气三级

前言

储量近 $1 \times 10^{12} m^3$。

本图集正是对这些年来国内致密砂岩储层沉积相研究的全面系统总结，也是针对四川盆地上三叠统不同类型砂体特征及成因研究的第一部图集。

本图集分为两大部分：第一部分为四川盆地上三叠统地层及沉积相，主要介绍了上三叠统的区域构造背景、地层组成及特征、马鞍塘组沉积相类型及成因、小塘子组沉积相类型及成因和须家河组沉积相类型及成因。第二部分为四川盆地上三叠统碎屑岩图版。图版采用了120口井岩心和6条露头剖面照片，包括三方面的研究内容：（1）岩石类型；（2）沉积构造；（3）代表性井取心段典型结构剖面。所选的井和剖面力求涵盖全盆地，又兼顾不同沉积相带的特色。

本图集在撰写过程中得到中国石油大学（北京）朱筱敏教授、中国石油勘探开发研究院顾家裕教授的指导和帮助，以及中国石油勘探与生产分公司、西南油气田分公司领导和专家的支持，研究团队李剑教授和杨威教授等对书稿提出了宝贵的意见，谢增业高级工程师、刘满仓高级工程师、郝翠果工程师在岩心观察、露头描述和照片拍摄中做了大量工作，苟川工程师在图件绘制过程中提供了大量的帮助，国家自然科学基金"晚三叠世四川盆地不同类型三角洲内部构型及成因模式"（41572079）给予了经费资助，在此一并致以最衷心的感谢。

由于笔者水平有限，加之不可能对盆地中所有上三叠统取心井的全部岩心进行详细观察和研究，因此，书中会存在不足、遗漏和错误，敬请读者批评指正！

目录

第一部分 四川盆地上三叠统地层及沉积相 1
第一节 区域地质概况 3
第二节 马鞍塘组沉积相类型及成因 6
一、沉积相类型及特征 6
二、沉积相展布 8
三、沉积背景分析 11
第三节 小塘子组三角洲砂体类型及成因 14
一、沉积相类型及特征 14
二、沉积相展布 16
三、沉积相模式 18
四、成因探讨 19
第四节 须家河组沉积相类型及成因 22
一、沉积相类型及分布 22
二、成因探讨 26

第二部分 四川盆地上三叠统碎屑岩图版 29
第一节 岩石类型 31
一、砂砾岩 31
二、砂岩 59
三、粉砂岩 78
四、泥岩 89
五、碳酸盐岩 103
第二节 沉积构造 106
一、冲刷—充填构造 106
二、槽状交错层理 112
三、平行层理 116
四、楔状交错层理 119

目录

五、砂泥薄互层层理 …………………………………………………… 132

六、生物成因构造 ……………………………………………………… 134

七、沙纹交错层理 ……………………………………………………… 142

八、反粒序层理 ………………………………………………………… 145

九、包卷层理 …………………………………………………………… 149

十、脉状层理、波状层理、透镜状层理 ……………………………… 152

十一、丘状交错层理 …………………………………………………… 162

第三节　代表性井取心井段典型结构剖面 ……………………………… 163

一、音 36 井 …………………………………………………………… 163

二、广安 101 井 ………………………………………………………… 194

三、汉北 1 井 …………………………………………………………… 206

四、莲深 1 井 …………………………………………………………… 210

参考文献 …………………………………………………………………… 217

第一部分
四川盆地上三叠统地层及沉积相

第一节 区域地质概况

四川盆地位于中国西南部，面积约180000km²。盆地四周皆为高山（图1），东北有大巴山，东南有大娄山，西南为大凉山，西侧为邛崃山、龙门山，北侧为米仓山。盆地内部多低山丘陵，海拔为300~600m。以龙泉山、华蓥山为界，大体可以把盆地分为三部分，盆地西部为成都平原，中部多低山丘陵，东部为平行岭谷。

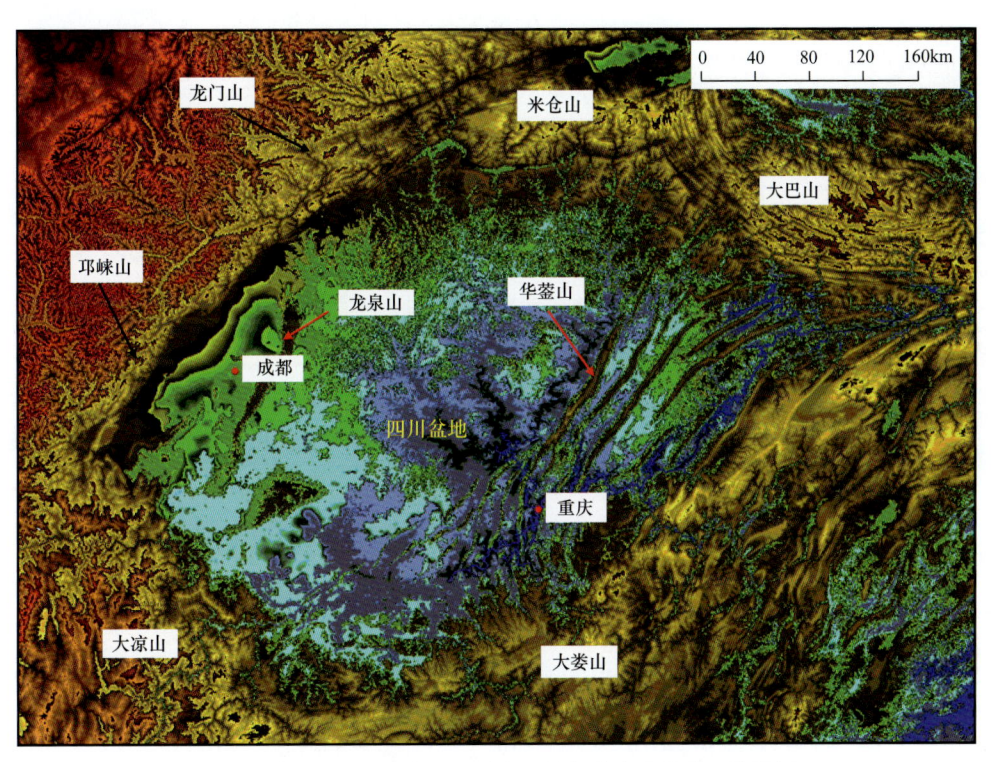

图1 四川盆地地理位置、周缘山脉的分布及盆内地貌特征

四川盆地为发育于前震旦系变质岩基底之上的大型叠合盆地，经历了从元古宙到中生代早期漫长的海相克拉通盆地和中—新生代前陆盆地演化过程（邓康龄，1982）。其形成与演化经历了四个阶段，即中—新元古代扬子地台基底形成阶段，震旦纪—中三叠世被动大陆边缘阶段，晚三叠世前陆盆地形成阶段和侏罗纪—第四纪前陆盆地阶段（Li等，2003）。

晚三叠世早期，四川盆地西部存在一个从早到晚、由北向南陆源碎屑逐渐增多的过程，物源来自北方古陆（刘树根等，2009）。该时期盆地以西地区仍为深海沉积，盆地内部发育滨浅海沉积。晚三叠世早期，由于扬子板块和华北板块之间由东向西的碰撞闭合形成南北向压性应力场，扬子陆块西缘边界断裂北段可能由早期的张性正断层发生以韧性左旋走滑为主的构造反转，同时由于扬子地块的顺时针旋转（Meng等，2005），龙门山构造带发生构造反转，扬子地块向西陆内俯冲，龙门山北段开始形成。

四川盆地三叠系由下至上分为飞仙关组、嘉陵江组、雷口坡组、马鞍塘组、小塘子组和须家河组（图2）。飞仙关组和嘉陵江组属于下三叠统，雷口坡组属于中三叠统，马鞍塘组、小塘子组和须家河组属于上三叠统。马鞍塘组以石灰岩为主，小塘子组和须家河组以砂岩为主。由于古构造活动和古气候变化的影响（邓康龄，2007；王金琪，2012；黄其胜，1995；徐兆辉等，2010），须家河组由下至上形成5个不同的岩性段（图3）：须二段、须三段、须四段、须五段和须六段。其中，须三段和须五段主要为泥岩，须二段、须四段和须六段主要为砂岩。须三段和须五段发育时期，四川盆地周缘板块处于构造平静期，古气候相对炎热潮湿。须二段、须四段和须六段发育时期，周缘板块构造活动增强，盆地内部气候相对温和干燥。

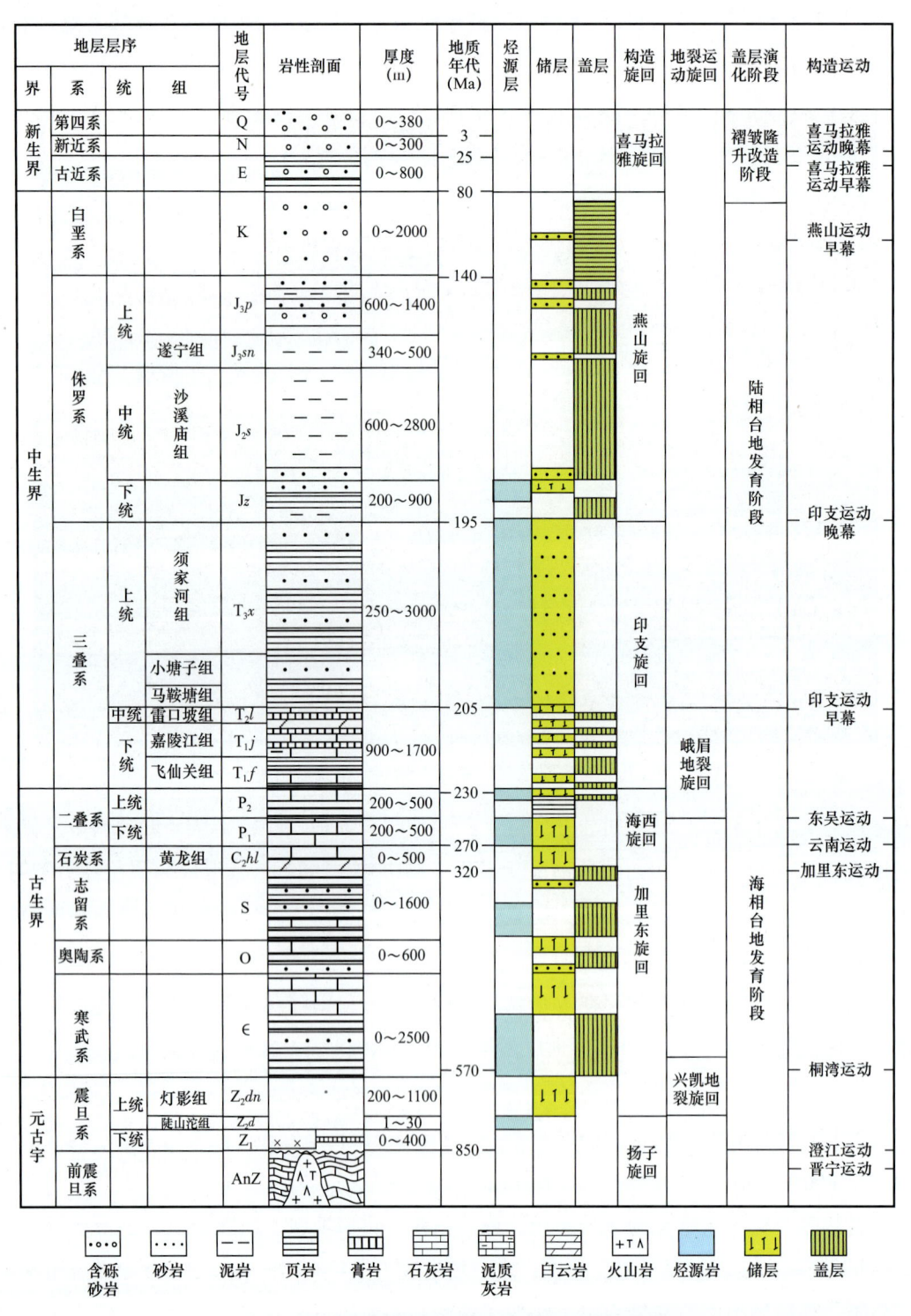

图2 四川盆地地层、构造、生储盖组合柱状图

- 4 -

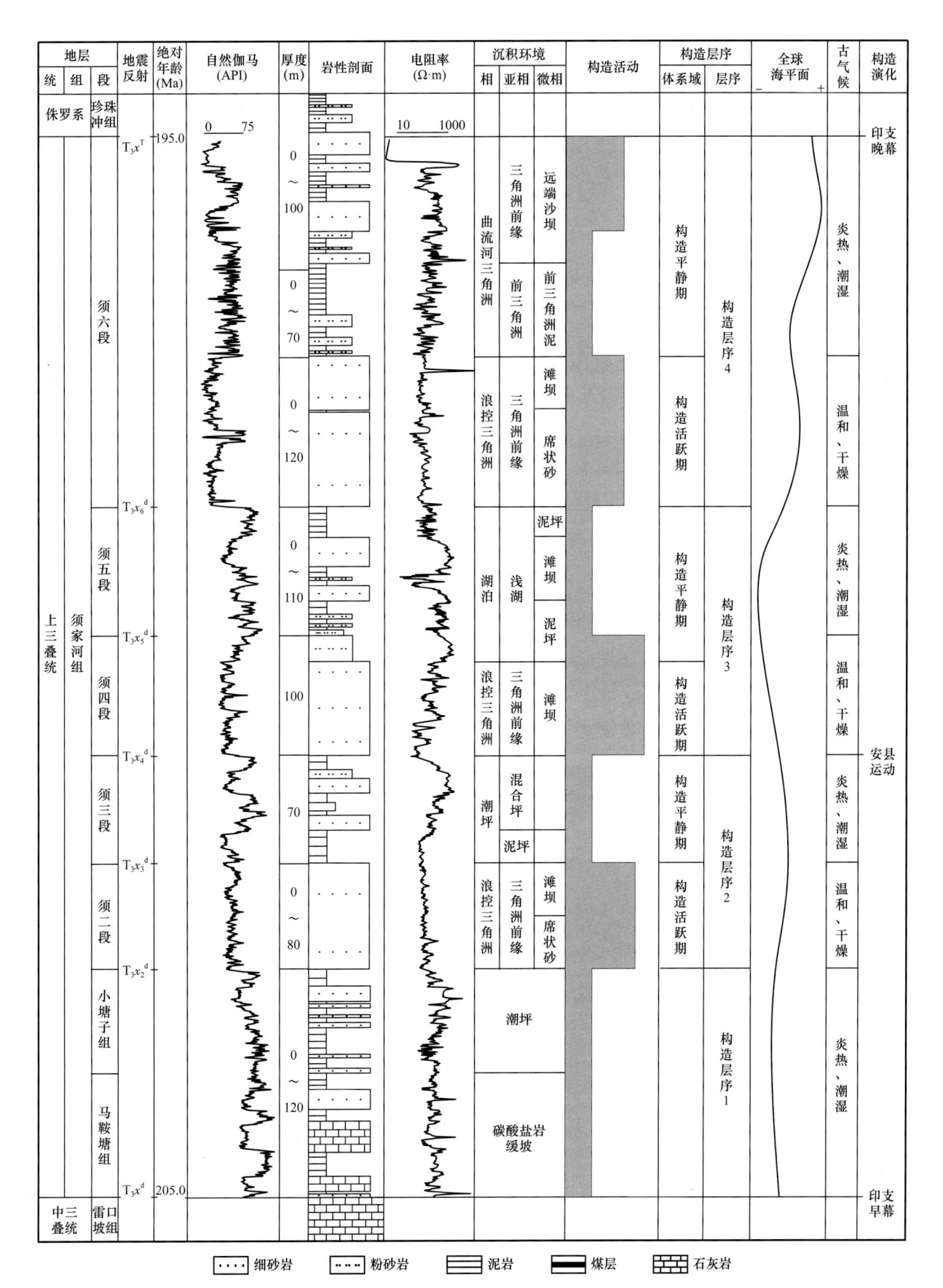

图 3　四川盆地上三叠统岩石地层组成及特征

第二节　马鞍塘组沉积相类型及成因

一、沉积相类型及特征

岩心和露头中共识别出 31 种岩相，构成沉积相谱系分析的基础。这些岩相在纵向上构成 4 大类沉积相，即礁滩相、潟湖相、潮坪相和三角洲相。

1. 礁滩相

礁滩相可细分为鲕粒滩、生物碎屑滩和生物礁 3 个亚相。鲕粒滩厚度为 29～75m，分下部和上部两个微相，间夹生物碎屑层。鲕粒滩下部泥粒岩发育（图4A），偶见藻鲕、放射鲕及微晶鲕，环境水体能量相对较低。鲕粒滩上部颗粒岩发育（图4B—D、F），颗粒多为亮晶胶结，反映环境水体能量相对较高。同心鲕及放射同心鲕中常见少量生屑和个别大的腕足类、双壳类化石碎片（图4D），反映沉积底质高度不稳定，流动性大，并不断转移（Feldman 等，1993）。局部发现的藻类（如管孔藻、葛万藻等）可能与藻类被波浪击碎后经搬运磨蚀、沉积、重结晶及微晶化有关。

生物碎屑滩亚相以生物碎屑颗粒岩和泥粒岩为主，生物数量和种类繁多，底栖类有孔虫和六射海绵化石丰富，化石形态完整。局部同一薄片上同一个腕足类或双壳类的两瓣壳同时见到，说明搬运距离不远，堆积速率较快。且从微观特征看，以泥晶—亮晶胶结为主，甚至为亮晶胶结，表明该类颗粒岩形成时受到波浪淘洗作用较强。

生物礁以灰泥基质支撑的生物礁类型（Riding，2002）为主（图4E），主要为点礁，反映了沉积水体相对较深。Leinfelder（2001）认为中生代以前的硅质海绵主要生存于浅水环境，礁顶带所处的水深至少为 30m（Brunton 和 Dixono，1994）。

2. 潟湖相

潟湖相可进一步划分为上部和下部，研究区下部发育。潟湖中含有薄层砂岩，纵向上，下部含量相对较低，粒度较粗，向上含量增加，粒度变细，地层呈退积式叠置。泥岩中富含菊石、有孔虫、牙形刺、瓣鳃类、棘皮类等海相生物化石。潟湖相泥岩与前三角洲泥相比，陆源孢粉含量低，海相底栖生物含量高。

3. 潮坪相

潮坪相发育于礁滩相东侧，研究区见到潮间带亚相，从下至上依次发育沙坪、沙泥坪和泥坪 3 个微相。各门类生物都很繁盛，含有丰富的适应范围较广的瓣鳃动物化石。沙坪常发育潮汐沟道，岩心中常见扁平并呈定向排列的碎屑灰岩透镜体。沙泥坪和泥坪生物扰动发育（图5C、E、G），局部形成块状层理。

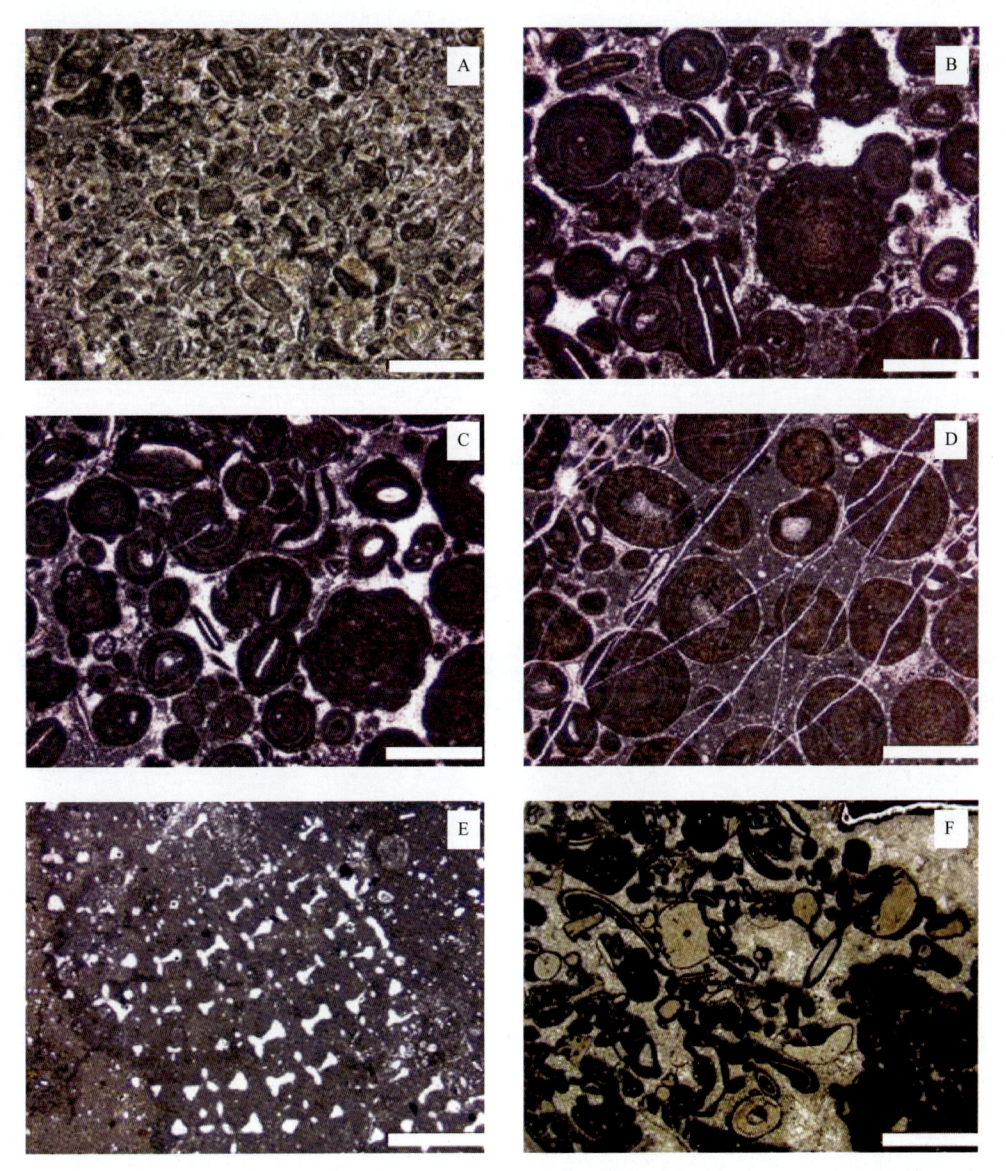

图 4 四川盆地马鞍塘组岩心和露头显微照片显示主要岩相类型（线段比例尺为 1mm）

A—颗粒质灰岩，富含生物碎屑和内碎屑，单偏光，高家 1 井，4072m；B—藻鲕颗粒岩，藻鲕中心为砂屑或生物碎屑，同心层细而密，藻鲕间富含生物碎屑，单偏光，汉旺剖面；C—藻鲕颗粒岩，藻鲕中心为砂屑或生物碎屑，单偏光，汉旺剖面；D—同心鲕灰岩，鲕粒核心为砂屑，单偏光，汉旺剖面；E—海绵格架灰岩，瓶海绵 Calathiscus，垂直格架切面，瓶海绵是六射硅质海绵纲的一个属，骨针成行成列构成网格结构是其重要特征，单偏光，睢水剖面；F—生屑灰岩，富含藻屑，单偏光，睢水剖面

4. 三角洲相

三角洲相可进一步划分为三角洲平原、三角洲前缘和前三角洲 3 个亚相，研究区三角洲平原不发育。三角洲前缘发育水下分流河道、河口沙坝、远沙坝和分流间湾 4 个微相。水下分流河道整体呈正粒序，自然伽马曲线为钟形，由下至上发育冲刷—充填构造、砂砾岩、中砂岩和细砂岩。河口沙坝整体呈反粒序，自然伽马曲线为漏斗形，粉砂岩层面发育浪成波痕（图 5A），露头上常与水下分流河道交互出现（图 5B）。远端沙坝主要为砂泥薄互层沉积（图 5F），自然伽马曲线为漏斗形。前三角洲泥以深灰色、灰黑色泥岩为主（图 5D）。单井上，三角洲相由下至上依次发育前三角洲泥、远沙坝、水下分流河道、河口沙坝和前三角洲泥，呈退积型堆积序列。

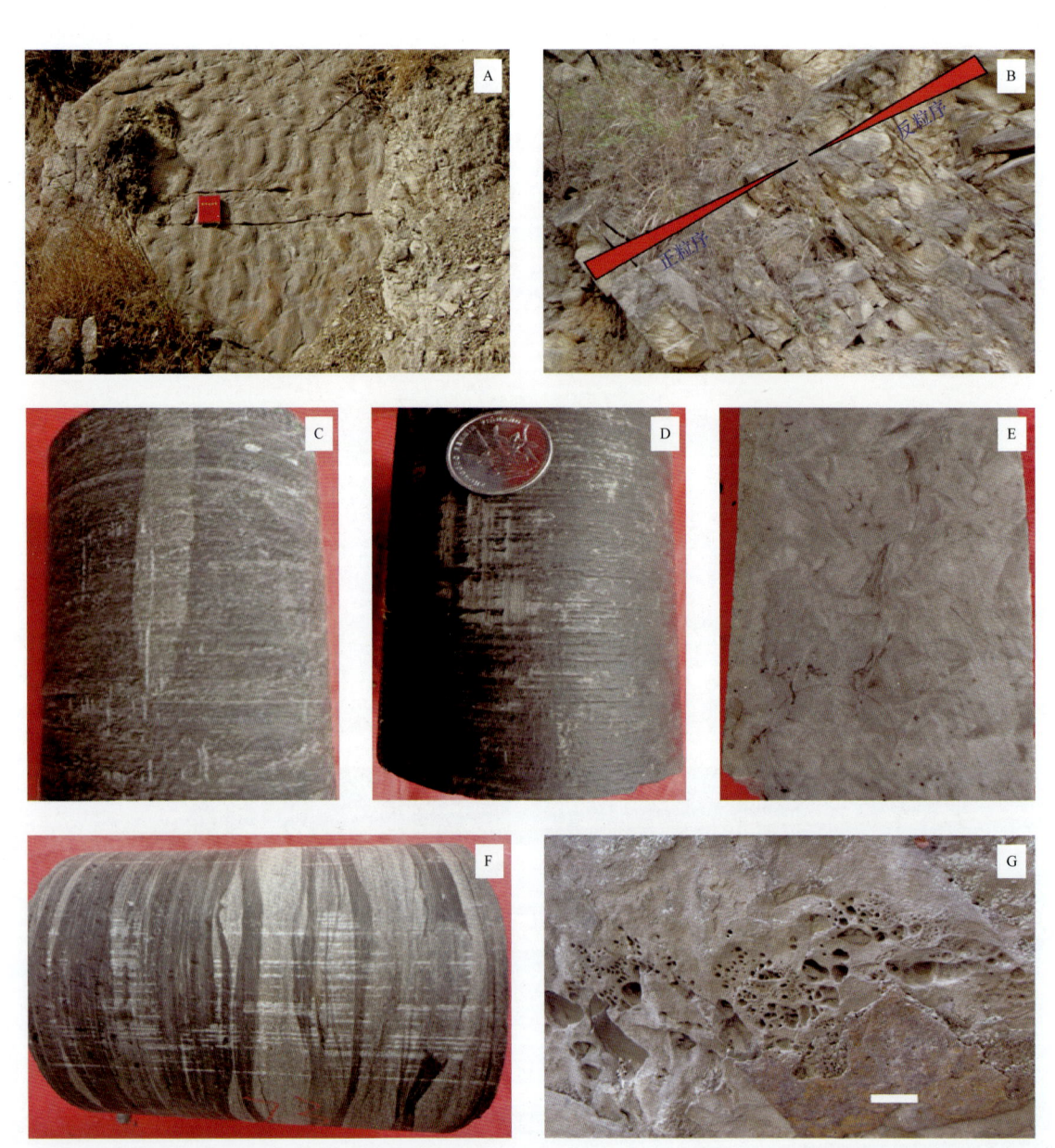

图 5 四川盆地马鞍塘组岩心和露头照片显示主要岩相类型（岩心直径为8cm❶，线段比例尺为1cm）

A—浪成波痕，河口沙坝，广元杨家岩；B—正粒序与反粒序交替，三角洲前缘，金子山剖面；C—生物扰动泥岩，蓬莱7井，3323.8m；D—块状层理泥岩，合川149井，2418.94m；E—生物扰动粉砂岩，岳12井，2656.7m；F—粉砂岩与泥岩互层，蓬莱7井，3325.6m；G—强生物扰动砂岩，杨家岩

二、沉积相展布

马鞍塘组主要分布于四川盆地西部，厚度由西北向东南逐渐减薄，沉积中心位于盆地西南部（图6、图7）。平面上，石灰岩平行龙门山展布（图8A），以雾1井为中心，由西向东、由南向北逐渐减薄，碎屑岩含量逐渐增加（图6、图7）。纵向上，马鞍塘组下部和中部以石灰岩为主，上部以碎屑岩为主，碳酸盐岩分布范围缩小，碎屑岩分布范围扩大。砂体主要分布于盆地西北部，盆地中部仅有少量分布（图8B）。盆地西北部砂体分布范围广，砂体厚度为10～70m，由北向南逐渐减薄，表明物源来自北部。盆地中部砂体分布范围小，厚度小于10m，由东南向西北逐渐减薄，表明物源来自东南部。

---

❶ 本图集中所有岩心照片直径均为8cm。

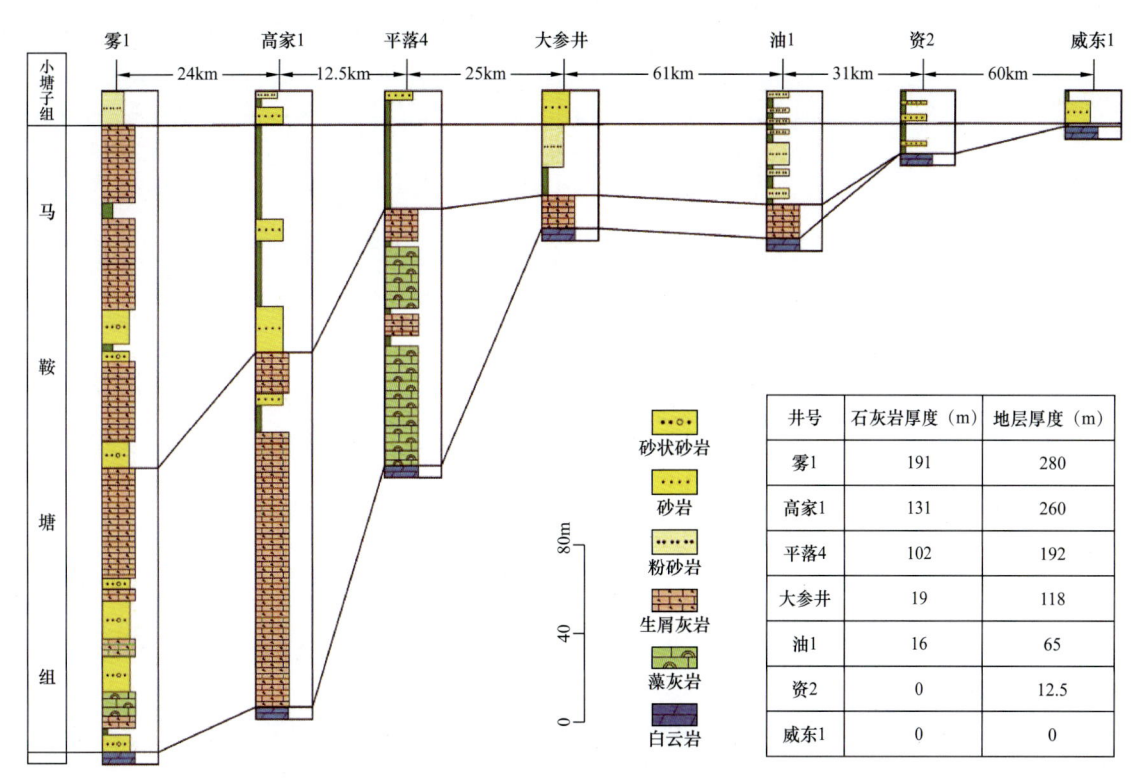

图 6 四川盆地雾 1—威东 1 井马鞍塘组对比剖面

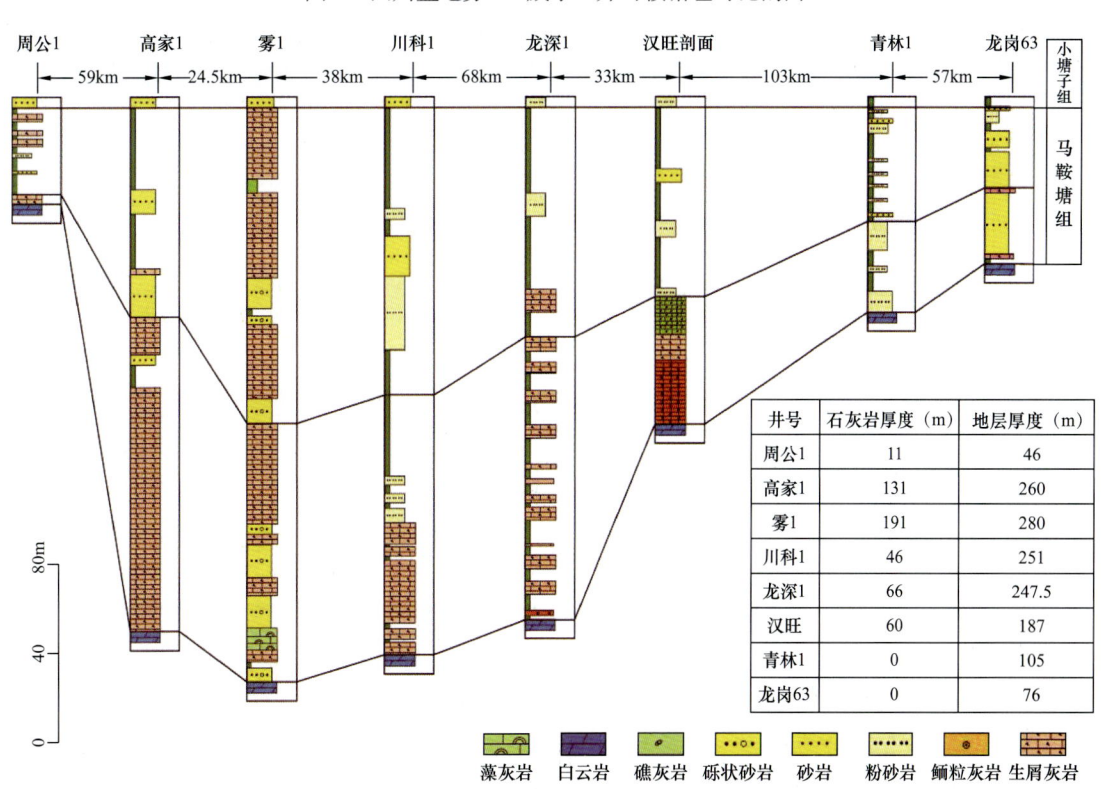

图 7 四川盆地周公 1—龙岗 63 井马鞍塘组对比剖面

马鞍塘组沉积时期，四川盆地及其西缘整体发育礁滩—潟湖—潮坪—三角洲沉积体系，由西向东、由南向北依次发育礁滩相、潟湖相、潮坪相和三角洲相（图 9）。四川盆地以西的甘孜—阿坝地区可能发育斜坡及盆地相（张勤文，1981；郑荣才等，2012），主要为一套厚度巨大的复理石相砂岩和板岩，

- 9 -

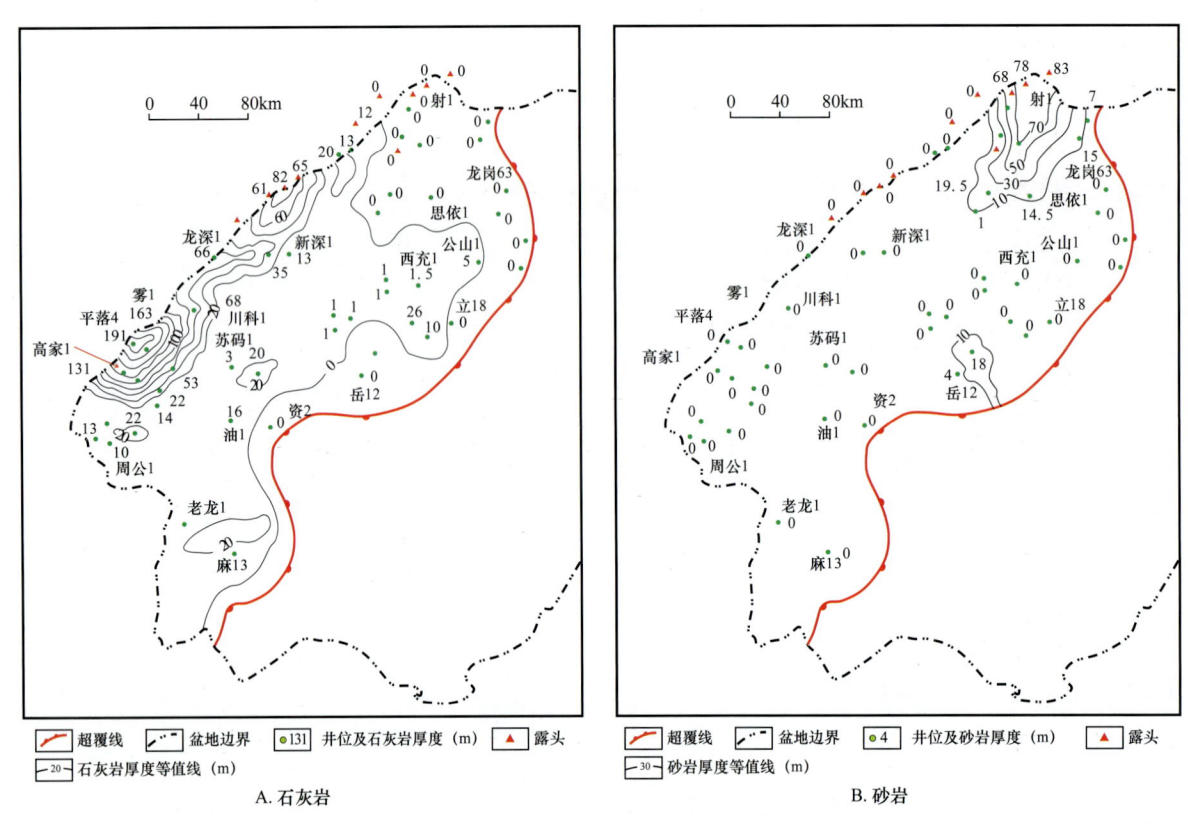

图 8 四川盆地上三叠统马鞍塘组石灰岩和砂岩分布

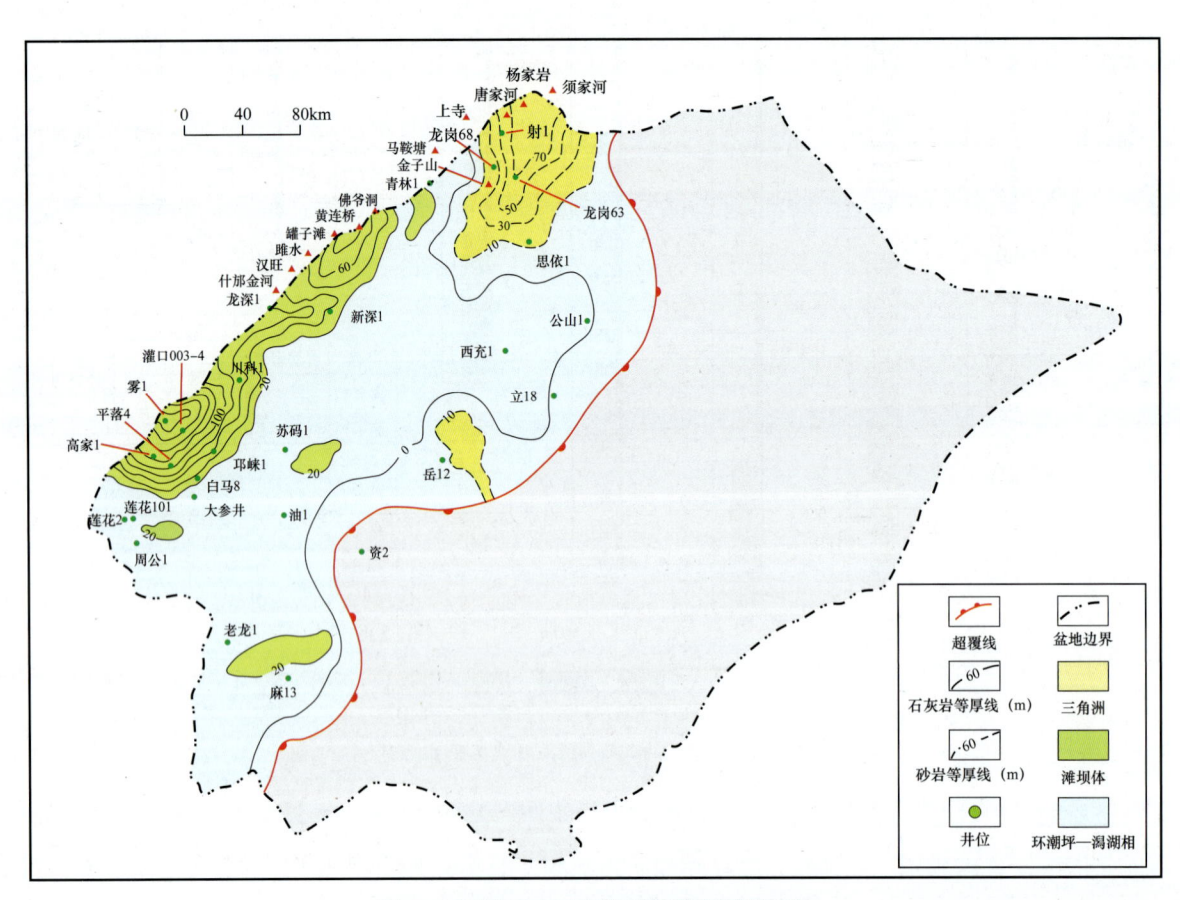

图 9 四川盆地上三叠统马鞍塘组沉积相图

并含少量瓣鳃类（邓康龄等，1982）。礁滩相发育于雾1—苏码1—新深1—汉旺剖面一线。潟湖相发育于高家1至平落1井区，以泥质沉积为主。潮坪相发育于盆地西部及中部。三角洲相发育于盆地西北部和盆地中部局部地区，砂岩发育，中间夹有薄层的泥岩和粉砂岩。三角洲砂体的发育与周边隆起不断向盆内提供物源有关。

四川盆地马鞍塘组沉积时期，地形非常平缓，局部存在风暴作用的影响。地形平缓表现在三个方面：（1）马鞍塘组沉积时期，整个四川盆地均处于潮下高能至潮间带沉积环境，相带跨度非常小。例如，该时期川西雾1井区为潮下高能鲕粒滩沉积环境，川中为潮间带上部的泥坪和沼泽沉积环境，地貌变化小，反映地形坡降小。（2）四川盆地马鞍塘组造礁生物以六射硅质海绵为主（吴熙纯，2009），中生代至新近纪，六射硅质海绵常在水深100～200m的富含砂泥质沉积物的水体中生活，镶边陆架环境和陡缓坡环境均不利于硅质海绵礁的生长（Leinfelder，2001）。（3）地震剖面上，由东向西，地形非常平缓，不发育地形坡折（图10）。风暴作用的影响有：（1）鲕粒滩含有丰富的混源鲕及其他混源组分，呈现明显的双峰态。主要表现为大鲕与小鲕混杂，无明显分选性，且鲕粒与鲕间充填颗粒呈明显双峰态分布（图4B、C）。（2）鲕粒滩中常含生物碎屑夹层，生物碎屑的粒径大小混杂，组分成熟度低，呈现无序组构或极紊乱组构（Flügel等，2004；吴熙纯，2009）。（3）鲕粒灰岩中鲕粒粒度分布表现为双峰态，且鲕间细砂屑和生屑等充填物丰富，明显受到风暴影响。

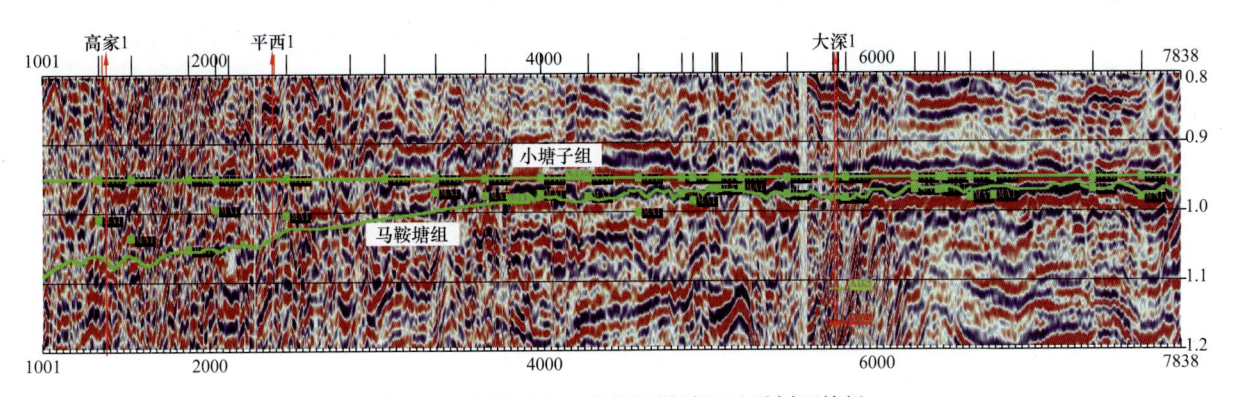

图10 四川盆地上三叠统马鞍塘组地震剖面特征

四川盆地马鞍塘组石灰岩与碎屑岩混积，表现出明显的特殊性（马永生等，1999；Read，1982，1985）。碎屑岩的形成与该时期江南古陆和龙门山北段向盆内提供大量陆源碎屑有关（施振生，2010，2011，2012），它可能是该时期巨型季风和古特提斯周缘的造山运动、火山活动及变质作用引起的地表风化和水循环加速的结果（时志强等，2009）。持续性的碎屑物源供给，不仅造成滨岸带三角洲砂体发育，还抑制了碳酸盐岩的形成。源区较远地区碎屑供给少，水体清澈，礁滩体发育。该时期造礁生物以硅质海绵为主，也与陆源碎屑大量供给，抑制了其他生物生存有关（吴熙纯等，1982，1984）。

三、沉积背景分析

1. 古地形平缓

四川盆地马鞍塘组形成于平缓的古地形背景上，是大地构造背景和盆山耦合的结果。主要表现在两个方面：（1）晚三叠世之前，四川盆地一直处于扬子板块西缘的被动大陆边缘，地形平缓（贾东等，

2003；Li 等，2003；刘树根等，2009；梅冥相，2010；李勇等，2011）；（2）中三叠世拉丁期后，由于印支早期构造运动的影响，四川盆地全面抬升遭受剥蚀，填平补齐（王正瑛等，1981；邓康龄等，1982；郑荣才等，2012），并形成西低东高的构造格局。纵向上，马鞍塘组下部和中部以石灰岩为主，而上部以碎屑岩为主，表明扬子地块与周缘板块的碰撞强度增大。另外，江南古陆和龙门山北段物源持续供给，形成了三角洲相和潮坪相，同时抑制了浅水区碳酸盐沉积。

平缓的地形条件，也造成盆内地层厚度变化非常小。在雾1—威东1井连井剖面上（图6），雾1井到威东1井的地形坡降为每1km仅下降1.5m，且地层厚度是逐渐变化的，不存在地形陡变带（假设该时期为均衡补偿沉积，且不考虑地层压实影响）。在周公1—龙岗63井连井剖面上（图7），周公1井到雾1井的地形坡降为每1km仅下降2.87m，雾1井到龙岗63井的地形坡降为每1km仅下降0.7m。因为泥岩和砂岩的压实率远大于石灰岩，若考虑地层压实的影响，那么计算出来的地形坡降将会更小。

2. 碳酸盐生产率低

显生宙以来，碳酸盐岩台地平缓地形的发育与碳酸盐生产率相对较低有关。当靠近滨岸处碳酸盐生产率较低，远离滨岸处生产率相对较高时，沉积物在整个剖面上平均分配，从而有利于平缓地形的长期稳定发育（Burchette 和 Wright，1992）。现代二维计算机模拟也证实，当各地沉积物生产率一致时，更易形成平缓地形，而滨岸处沉积物生产率较高时，更易形成较陡的台地地形（Wright 和 Burchette，1998）。

马鞍塘组沉积时期，四川盆地陆源碎屑供给较多，碳酸盐生产率明显受到抑制。该时期，四川盆地东南部发育江南古陆并持续提供物源，北部由于扬子地块与昆仑—秦岭地体碰撞造成龙门山北段抬升（Weislogel 等，2006；李三忠等，2002；郑荣才等，2012），并向盆地提供物源（施振生等，2010，2011，2012），从而抑制了碳酸盐的快速生长。雾1、川科1和高家1井马鞍塘组之下以白云岩和石膏沉积为主，生物化石稀少，陆源碎屑稀少；而马鞍塘组以石灰岩为主，陆源碎屑、生物碎屑和鲕粒丰富，明显受到陆源碎屑的影响。陆源碎屑的注入抑制了硅质海绵礁的生长发育，远离陆源碎屑区，生物礁个体较多、规模较大（安县和绵竹剖面发现20多个礁体，礁高最高70m，一般为20~40m，礁内部相带分布明显），而靠近陆源碎屑注入区，生物礁个体较少，规模较小（马鞍塘车站剖面海绵骨针偶尔见及，江油佛爷洞出露3个小型硅质海绵礁丘，礁高约2m，礁内部相带分布不明显）。

马鞍塘组沉积时期，周缘板块强烈构造运动和热带—亚热带潮湿古气候相互作用，造成陆源碎屑增加。中三叠世雷口坡组沉积时期，气候干旱、炎热，四川盆地内为一套陆表海碳酸盐沉积物（王正瑛等，1981）。炎热的古气候不仅造成四川盆地西部发育鲕滩，而且还造成藏东地区潟湖相白云岩和盐湖相石膏及阿尔卑斯地区蒸发台地的形成（时志强，2009）。马鞍塘组沉积时期，由于周缘板块强烈碰撞，火山活动强烈（时志强，2009），并向大气释放大量 CO_2。同时，古太平洋暖流向特提斯洋输入更多水汽，气候由以干旱为主向以潮湿为主转变。马鞍塘组植物群落以有节类和真蕨类为主，双扇蕨科（*Dictyophyllum*、*Clathropteris*、*Scoresbya*）、马通蕨科（*Phlebopteris*）及苏铁类繁盛，反映了气温较高的热带、亚热带气候条件（黄其胜，1995）。鲕粒滩中常分布有红藻、珊瑚夹层，也指示了热带—亚热带气候。增加浓度的大气 CO_2 与巨型季风中更多水汽相互作用，使得隆升的山脉与古高原等陆地风化作用增强。同时，大量含高 CO_2 的降雨使松散陆源黏土物质及硅质碎屑被洪水等水体带入海洋，导致碳酸盐生产率受到抑制。

盆内水体相对封闭，盐度较高，碳酸盐的快速生长也受到抑制。马鞍塘组沉积时期，相对炎热的气候造成盆内水体快速蒸发，水体盐度升高。古盐度分析表明，该时期盆地水体达到超盐度和高盐度水平（施振生等，2012）。

3. 基准面变化速率低

与北美阿巴拉契亚前陆盆地、纳米比亚 Nama 前陆盆地和阿尔卑斯前陆盆地相似（Allen 等，2001；Saylor 等，1995；Castle，2001），晚三叠世早期四川盆地碳酸盐岩沉积体系的形成也与克拉通边缘因挠曲沉降被海水淹没有关，其形成和演化是周缘板块相互作用的结果。马鞍塘组沉积时期，华北板块与扬子板块碰撞，扬子板块西北部形成龙门山造山楔和小型水下隆起。造山楔的构造负载导致扬子板块西缘挠曲沉降，驱动了相对海平面的持续上升（刘树根等，2009）。

马鞍塘组沉积时期，基准面上升速率非常低。早期，鲕粒滩和生物碎屑滩发育，富含生物化石和钙藻类（以钙扇藻为代表）及钙菌类。发育的鲕粒滩水深极浅，最大水深不超过 15m（Flugel，1982），钙扇藻指示水深可能介于 2~30m 之间。因此，推测该时期海水深度介于 2~15m 之间（李勇等，2011）。早期持续时间约 2.2Ma（Haq 等，1987），推测其基准面上升速率仅为 0.007mm/a（15m÷2.2Ma）。中期，六射硅质海绵礁发育，其与以藻团块为主的蓝藻细菌共同构成生物礁丘。中生代以前的硅质海绵以欧洲晚侏罗世硅质海绵—钙菌礁为代表，其生存于浅水环境（Leinfelder，2001），礁顶带所处的水深至少为 30m（Brunton 和 Dixono，1994）。Barnes 等（1982）认为浅水型海绵骨架岩主要分布于水深 20m 以内的海域，造礁海绵能够承受的最大深度为 35m。研究区硅质海绵礁体与欧洲晚侏罗世硅质海绵—钙菌礁丘具有相似性，故研究区硅质海绵—钙菌礁丘的生活水深应在 15~30m 之间。此外，川西局部地区还发育塔状硅质海绵礁，李勇等（2011）推测其早期水深约 30m，在晚期到高礁长成以后水深已达 150m 以深。中期持续时间约 3.1Ma，故该地区基准面上升速率约 0.04mm/a〔(30~150m)÷3.1Ma〕，基准面上升速率相对早期有所上升。晚期，黑色页岩发育，生物化石以游泳生物和浮游生物为主，推测其海水深度超过 300m（李勇等，2011）。该时期持续时间约 3.2Ma，推测基准面上升速率约 0.05mm/a〔(150~300m)÷3.2Ma〕。整体上，马鞍塘组沉积时期基准面上升速率非常低，平均基准面上升速率仅为 0.035mm/a（300m÷8.5Ma）。

马鞍塘组沉积时期，基准面上升速率与硅质海绵礁生长速率不匹配，浅水区硅质海绵礁的生长受到抑制。川西地区安县睢水剖面硅质海绵礁地表出露最高（残留高度为 80m）（李勇等，2011），若成岩期碳酸盐岩机械压实作用而失去的厚度按 40% 算（Flügel，1982），其原始高度应为 112m。马鞍塘组沉积中期持续时间约为 3.1Ma，故硅质海绵礁的生长速率为 0.04mm/a（112m÷3.1Ma）。早期基准面上升速率显然低于硅质海绵礁的生长速率，不具备硅质海绵礁的生存条件。中期基准面上升速率与硅质海绵礁生长速率基本一致，硅质海绵礁开始生长，并形成高度达 100m 的点礁。晚期基准面上升速率大于硅质海绵礁的生长速率，海水持续加深，硅质海绵礁开始消亡。

第三节　小塘子组三角洲砂体类型及成因

一、沉积相类型及特征

川中地区小塘子组发育障壁沙坝——潟湖沉积体系，由滨岸向海方向依次发育沼泽、潮坪、潟湖和障壁沙坝等沉积相。滨岸局部地区发育有小型三角洲砂体，障壁沙坝向海方向发育浅海陆棚沉积相。

1. 沼泽相

沼泽相由黑色泥岩、碳质泥岩（图11A）和薄煤层（图11B）组成，沿层面可见大量炭化植物叶、茎碎片（图11C），也含菱铁矿、黄铁矿结核，发育水平层理或缓波状层理。沼泽是长期积水的洼地，或为较丰富的植物占据的低洼而潮湿的地面，故碳质泥岩和煤层大量出现。由于环境水体水流不畅，介质处于还原条件，故菱铁矿和黄铁矿结核发育，不适合生物的生存，生物扰动不发育。

2. 潮坪相

潮坪相由黑色泥岩、灰黑色粉砂质泥岩、泥质粉砂岩和灰色粉砂岩组成。见透镜状层理（图11D、F）、脉状层理、波状层理（图11F）和砂泥薄互层层理（图11G）。泥岩、粉砂质泥岩中遗迹化石较少，偶见沿层面分布的生物潜穴 *Planolites*（漫游迹），直径5～8mm，扰动指数为1～2。泥质粉砂岩和粉砂岩中生物扰动强烈，扰动指数为4～5，原生层理完全破坏（图11G）。在砂泥薄互层段，薄泥层顶面发育有垂直层面分布的潜穴 *Skolithos*（石针迹），直径约6mm，长约8mm，切穿下伏的泥岩层和粉砂岩层。在潮坪环境下部，随着水深增加，粉砂岩含量减少，泥岩含量增加，遗迹化石减少，生物扰动减弱，在泥岩中可见少量垂直层面分布的潜穴，该层段古植物根迹常见。

潮坪环境由于受到潮汐作用的影响，水体强弱交替，故潮汐层理大量出现。同时表面水体间歇性暴露，故古植物根迹发育。当水体能量相对较强时，砂质沉积物开始沉积。较强的水流使水中含氧量增加，同时也带来了大量的养分，大量生物在此生活，对沉积层进行了完全的搅动。同时，一些机会生物种群在此生活，产生一些与层面垂直或高角度倾斜的潜穴。水体能量相对较弱时，细粒物质从悬浮状态沉积下来，该时期，由于水体中含氧量较低，很多生物只能沿层面觅食活动，产生一些沿层面分布的遗迹。

3. 潟湖相

潟湖相主要由黑色泥岩组成，中间夹有薄层泥质粉砂岩和粉砂岩，泥岩中可见菱铁矿结核（图11F）。块状层理和水平层理发育，偶见波纹交错层理和透镜状层理。与潮坪沉积相比，遗迹化石少见，仅灰黑色泥质粉砂岩中发育少量与层面垂直或高角度相交的潜穴 *Skolithos*（石针迹）（图11H）和 *Planolites*（漫游迹）（图11I）。*Skolithos*（石针迹）直径1～2cm，长5～8cm，无衬壁，内部充填有灰白色的粉砂岩；*Planolites*（漫游迹）与层面斜交，直径约8mm，长约4cm，无衬壁，内部充填有灰白色的粉砂岩。

图 11 川中地区上三叠统小塘子组岩心照片显示障壁沙坝沉积特征

A—黑色碳质泥岩，合川 149 井，2424.57m，小塘子组；B—黑色煤层，蓬莱 7 井，3324m，小塘子组；C—植物茎、叶片化石，合川 149 井，2411m，小塘子组；D—透镜状层理，蓬莱 7 井，3326.8m，小塘子组；E—波状层理和透镜状层理，岳 9 井，2234.2m，小塘子组；F—菱铁矿结核，立 18 井，小塘子组；G—黑色泥岩与灰色粉砂岩薄互层，底部见波状层理，粉砂岩中生物扰动强烈，原生层理完全破坏，上部见一潜穴与层面高角度相交，直径 5～8cm，切穿下伏泥岩和粉砂岩段，蓬莱 7 井，3324.45m，小塘子组；H—垂直潜穴 *Skolithos*（石针迹），蓬莱 7 井，3325m，小塘子组；I—倾斜潜穴 *Planolites*（漫游迹），蓬莱 7 井，3332.7m，小塘子组；J—块状层理，立 18 井，小塘子组；K—脉状层理，蓬莱 7 井，3337.97m，小塘子组；L—特殊构造，岳 12 井，2658.3m，小塘子组；M—冲刷—充填构造，岳 130 井，2331m，小塘子组

潟湖环境处于障壁沙坝后方，水体安静，以悬浮沉积为主，故发育水平层理和波状层理。同时底部处于还原环境，故菱铁矿发育。在风暴波浪作用期间，一些砂质沉积物越过障壁沙坝，沉积于此地。同时，由于风暴作用造成水体中溶解氧增多，一些机会种群生物在此生活，造成少量的生物扰动。

4. 障壁沙坝相

障壁沙坝相由灰色、灰白色粉砂岩、细砂岩和中砂岩组成，见块状层理（图11J）、脉状层理（图11K）和冲刷—充填构造（图11M）。灰白色粉砂岩中生物扰动发育。冲刷—充填构造上部分布于砾岩，成分主要为泥岩、碳质泥岩和煤层，呈撕裂状，直径4～6cm，顺层排列。

把该段定义为障壁沙坝的依据有：（1）在平面上，由陆向海方向，该相分布于沼泽和潟湖等相前方，且呈条带状分布，根据沃尔特相律及障壁沙坝的定义，定义为障壁沙坝沉积比较合适；（2）该相带由中、细粒砂岩组成，且发育平行层理及块状层理等沉积构造，反映了相对高能的沉积环境。障壁沙坝由于涨落潮的作用，发育潮汐通道，引起潟湖水体与外海发生水体交换。潮汐通道底部发育冲刷—充填沉积构造。

5. 浅海陆棚相

浅海陆棚相主要由黑色泥岩、灰色粉砂岩和泥质灰岩组成。该相以细粒沉积为主，反映水体较为安静，距离源区较远。海相生物化石丰富，以正常海相生物为主。浅海陆棚环境主要发生细粒的黏土和粉砂从悬浮状态慢慢沉淀下来，而细砂岩层则代表了断续的砂质切割搬运。风暴潮和风暴流产生低密度流，从而把砂质和粉砂质沉积物搬运到浅海陆棚环境。

川中地区小塘子组以进积型障壁沙坝为主，营24井小塘子组障壁沙坝砂体发育，由下至上，依次与浅海陆棚相、潮汐沟道相、沼泽相和潟湖相等相伴生，构成一个完整的进积式沉积旋回（图12）。该井下部发育一套黑色泥岩、粉砂质泥岩和灰色粉砂岩，发育水平层理、波状层理、脉状层理和透镜状层理等，生物扰动发育，反映了水体能量相对较弱的浅海陆棚沉积环境。浅海陆棚沉积之上发育障壁沙坝砂体，主要由灰色细砂岩和中砂岩组成，中间夹有薄层的粉砂岩和煤层。砂岩中发育有泥质条带、平行层理及槽状交错层理等沉积构造。障壁沙坝沉积由下至上粒度逐渐变粗，整体构成反粒序，在自然伽马曲线上呈漏斗状。障壁沙坝上方发育潮坪相潮汐沟道沉积，主要由中、粗砂岩组成，发育槽状交错层理、正粒序层理等，整体构成正粒序，测井曲线呈钟形。沼泽相和潟湖相覆盖于潮汐沟道沉积之上，主要由黑色和灰黑色泥岩组成。沼泽相泥岩中碳质泥岩和煤层发育，而潟湖相生物扰动构造发育，见波状和微波状层理。

二、沉积相展布

横向上，川中小塘子组由岸线向海方向，沼泽相、潟湖相、潮坪相、障壁沙坝相和浅海陆棚相依次构成一个完整的沉积序列，障壁沙坝发育地区砂体增厚，地层厚度加大（图12）。在角48—公山1—营24—水深1—浦西1井连井剖面上，浦西1井地层厚度在8～25m之间，以黑色、灰黑色泥岩为主，中间夹有煤层，反映了沼泽沉积环境。水深1井地层厚度约30m，以潟湖相灰黑色泥岩为主，中间夹有薄层粉砂岩，发育波状层理和水平层理。营24井和公山1井地层厚度在80m以上，下部发育大套障壁沙坝相细砂岩和中砂岩，砂体下部呈反粒序，上部呈正粒序。砂岩中见板状交错层理、平行层理和波状层理等沉积构造。角 48 井小塘子组为 27m，厚度明显减薄，以浅海陆棚相灰黑色泥岩为主，中间夹有少量粉砂岩。

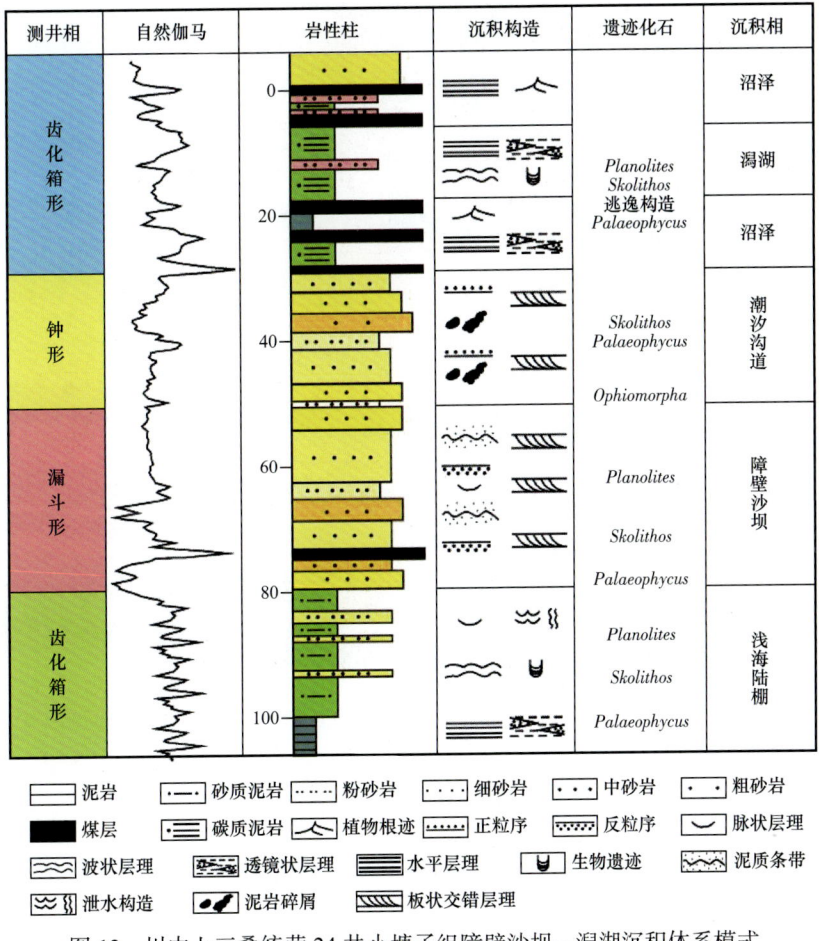

图 12 川中上三叠统营 24 井小塘子组障壁沙坝—潟湖沉积体系模式

平面上，川中小塘子组障壁沙坝主要沿着岸线分布。障壁沙坝主要分布于营 24 井—遂 33 井—资阳一线，由多个小型障壁沙坝组合而成，中间由潮汐通道分隔（图 13）。营 24 井区障壁沙坝砂体分布面积达 4000km^2，整体沿南北方向排列。遂 33 井区障壁沙坝砂体分布面积约 3700km^2，整体呈北东向排列。在遂 33 井区之南，还发育有 3 个小型的障壁沙坝砂体。由于受到障壁沙坝的遮挡，波浪和潮汐作用减弱，坝后潟湖和沼泽发育。合川、安岳、荷包场等地区均发育坝后潟湖和沼泽沉积环境。包 1 井区发育小型三角洲，由南向北展布，物源来自南部。障壁沙坝沉积前方发育浅海陆棚沉积体系，由东向西水体逐渐加深，可能与盆地外的松潘—甘孜海相通。

障壁沙坝的形成受波浪和潮汐作用共同控制。根据形成的水动力条件，可划分为浪控障壁沙坝和潮控障壁沙坝两种，二者形态差异大。浪控障壁沙坝由波浪和沿岸流作用形成，窄长状，冲溢扇大面积分布；潮控障壁沙坝由潮汐和波浪共同作用而成，潮汐作用影响较大，单个障壁沙坝较短，一头宽一头窄，呈鼓槌状，多个障壁沙坝之间被潮汐沟道分开。川中小塘子组单个障壁沙坝较短，一头宽一头窄，多个障壁沙坝之间被潮汐沟道分开，表明沉积时期潮汐作用较为强烈，属于潮控障壁沙坝类型。

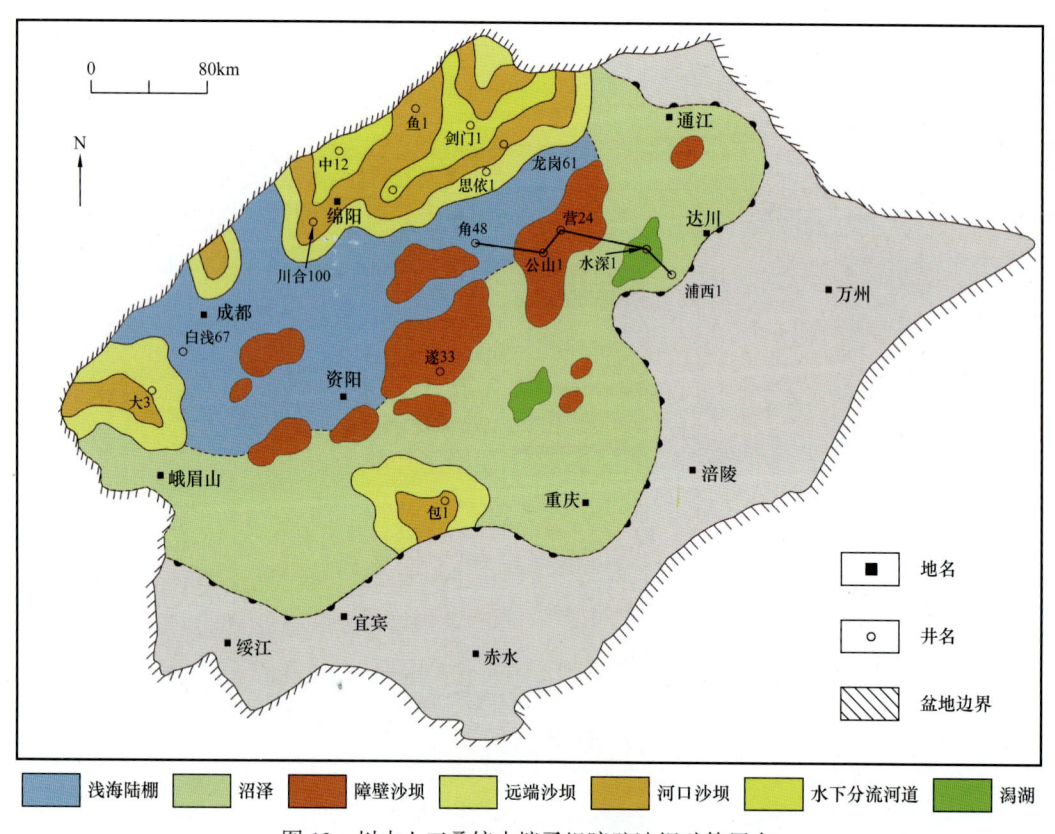

图 13　川中上三叠统小塘子组障壁沙坝砂体展布

三、沉积相模式

结合川中小塘子组的实际资料，参考前人相关研究成果，建立了障壁沙坝沉积体系的沉积模式（图 14）。来自周边山区冲积扇、辫状河、平原河流所携带的大量陆源碎屑物质入海后，在波浪、潮汐和沿岸流的簸洗、改造和再分配下，形成了沿岸障壁沙坝和坝后沼泽、潮坪及潟湖。由于脉动式的构造运动及周期性的气候影响，海岸线随之也发生频繁的脉动式进退。海岸线向盆地方向推进（海退）时，障壁沙坝也向海方向推进。由于较强的波浪（风浪）、潮汐及沿岸流的作用，沙坝除向海方向推进以外，亦可使之在平行岸线方向迁移，最终形成若干砂层叠加的剖面结构。在障壁沙坝向海方向迁移过程中，砂层顶受到冲刷作用而形成冲刷面，并有短暂的沉积间断。随之，原沙坝位置演化为沼泽或潟湖环境。障壁沙坝向盆地一侧为浅海陆棚相泥岩、泥质粉砂岩沉积区，障壁沙坝向海迁移将冲刷和覆盖于浅海陆棚相粉砂岩和泥岩层之上。

海进时，障壁沙坝也相应地后退，对原坝后含煤沼泽、泥坪沉积物进行冲刷，并覆盖于其上，砂岩底有时可含有撕裂的泥片。当冲刷较强烈时，沼泽、泥坪沉积物一部分可以保存下来，与上覆砂岩层呈冲刷面接触关系；强烈时，甚至不予保存。当在冲刷不强烈、障壁沙坝缓慢地向后迁移的情况下，沙坝对坝后沼泽、泥坪冲刷微弱或无冲刷现象，形成砂岩与泥岩突变接触关系。

障壁沙坝砂体因受潮汐作用的影响，常发育有互成180°或以高角度相交的双向板状和楔形交错层理，此外可发育冲洗层理及细层中的双向对偶层理。当沉积物供应充足、沉积物加积速度大于海平面上升速度时，在潮汐和波浪的共同作用下，障壁沙坝沉积可形成反粒序。当海平面上升速度大于障壁沙坝砂体加积速度时，则形成正粒序。由于川中小塘子组障壁沙坝主要形成于高位体系域，海平面相对下降，因此所观察井中的砂岩，特别是较厚的单层砂岩大多呈反粒序，自然伽马曲线亦成漏斗形。

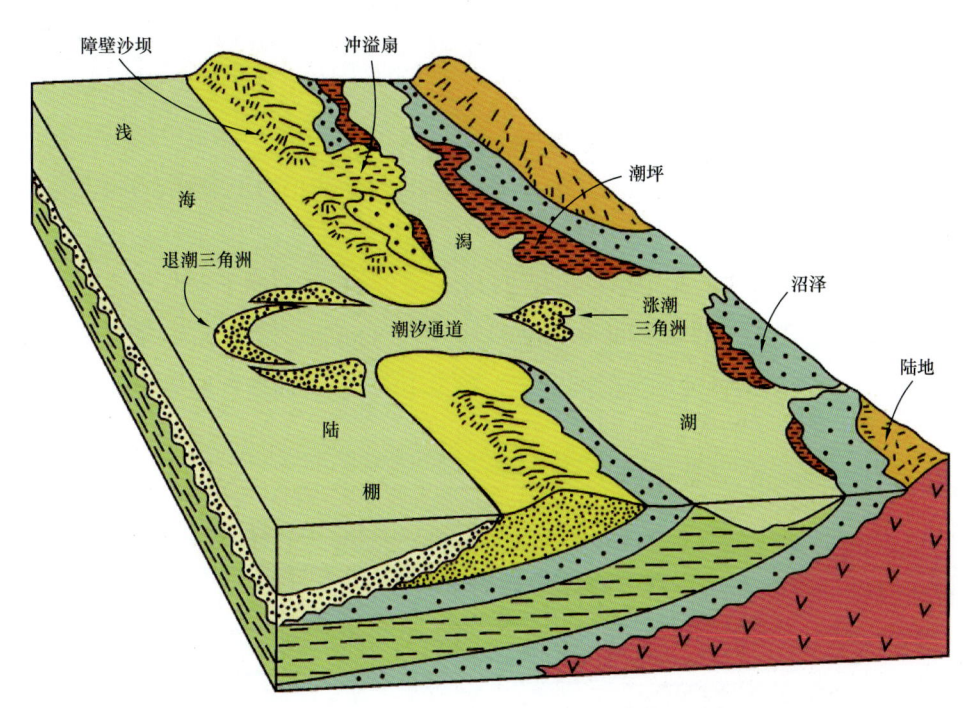

图 14　川中上三叠统小塘子组障壁沙坝沉积模式

四、成因探讨

1. 海平面稳定上升

海平面升降对障壁沙坝的形成和发育具有重要影响。海平面下降会导致障壁沙坝暴露水面遭受剥蚀，海平面快速上升会导致原来的障壁沙坝淹没并最终消亡。只有海平面相对稳定上升，沉积物才有足够的时间聚集并最终形成障壁沙坝。在此期间，若沉积物供给不足，持续溢流会导致砂体向岸迁移；若沉积物供应充分，砂体将向上加积或向海迁移。总之，在海平面相对上升期间，无论是海进还是海退，海平面变化必须与障壁沙坝的生长保持平衡。随着海平面持续上升，波浪对沉积物进行改造，并在潮下带形成长条状的砂体，少量砂体被搬运到潮间带。

按层序地层学的划分，川中上三叠统小塘子组障壁沙坝主要发育于高位体系域。高位体系域发育时期，海平面整体上升，但由于沉积物供给速率大于海平面上升速率，故相对海平面下降，沉积物向海方向推进（图14）。

2. 地形坡降和地形坡折

小的地形坡降和发育地形坡折带也是障壁沙坝形成的一个重要因素。地形坡降过大，波浪和潮汐作用强烈，不利于砂质沉积物的堆积。地形坡折带造成波浪和潮汐能量的突然变化，有利于沉积物的堆积。在地形坡折带附近，波浪或潮汐由于触及底面，能量降低，所携带的砂质沉积物首先沉积下来，从而形成障壁沙坝。地形坡折带内侧，由于地形坡降小，水体能量低，沼泽、潮坪和潟湖相大面积发育；地形坡折带外侧，水体突然加深，浅海陆棚相发育。美国大西洋和墨西哥湾沿岸地形坡折之上或附近发育很多障壁岛。

晚三叠世早期，川中地区地形坡降小，在川中与川西过渡带上发育地形坡折，障壁沙坝发育于地形坡折带附近（图15）。以泉3—川7—安8—包25—花19井连井剖面为例（图16），从花19井到川7井，二者相距145km，花19井小塘子组不发育，川7井小塘子组厚16m，经过压实校正后地形坡降为0.11m/km，地形非常平缓。泉3井与川7井相距86km，泉3井小塘子组厚174m，经过压实校正后地形坡降为1.86m/km，川7井位置明显发育地形坡降。在川合100—金106E—立18—罗7—张1井连井对比剖面上（图16），川合100井小塘子组厚294m，金106E井小塘子组厚40m，张1井小塘子组不发育，川合100井与金106E井相距90km，地形坡降为2.82m/km，金106E井与张1井相距195km，地形坡降为0.21m/km，川中地区地形坡降非常小，在金106E井附近发育地形坡降。地形坡降小和地形坡折带发育是障壁沙坝形成的重要原因。

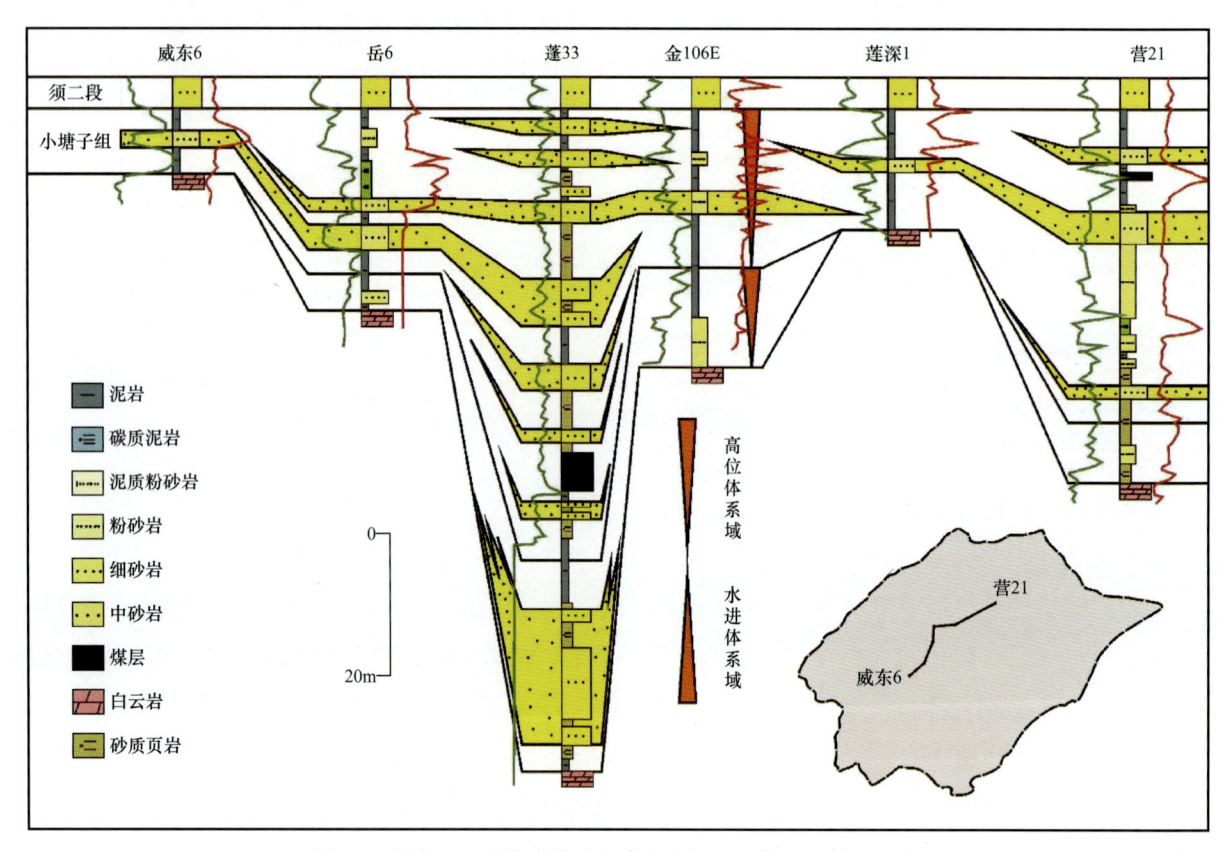

图15 川中上三叠统小塘子组障壁沙坝—潟湖沉积体系展布

3. 稳定的砂质物源供给

川中上三叠统小塘子组障壁沙坝的形成与有稳定的砂质物源供给关系密切。研究区西北部发育有稳定的物源区，该物源区在整个晚三叠世均向盆内提供物源。证据有：（1）前人研究表明，晚三叠世早期，龙门山北段已经抬升，并遭受剥蚀，并向盆地提供物源。（2）本次研究系统编制了全盆地砂岩等厚图和砂地比等值线图，在等值线图上，川西北部值较高，且由西北向东南逐渐减薄；（3）连井沉

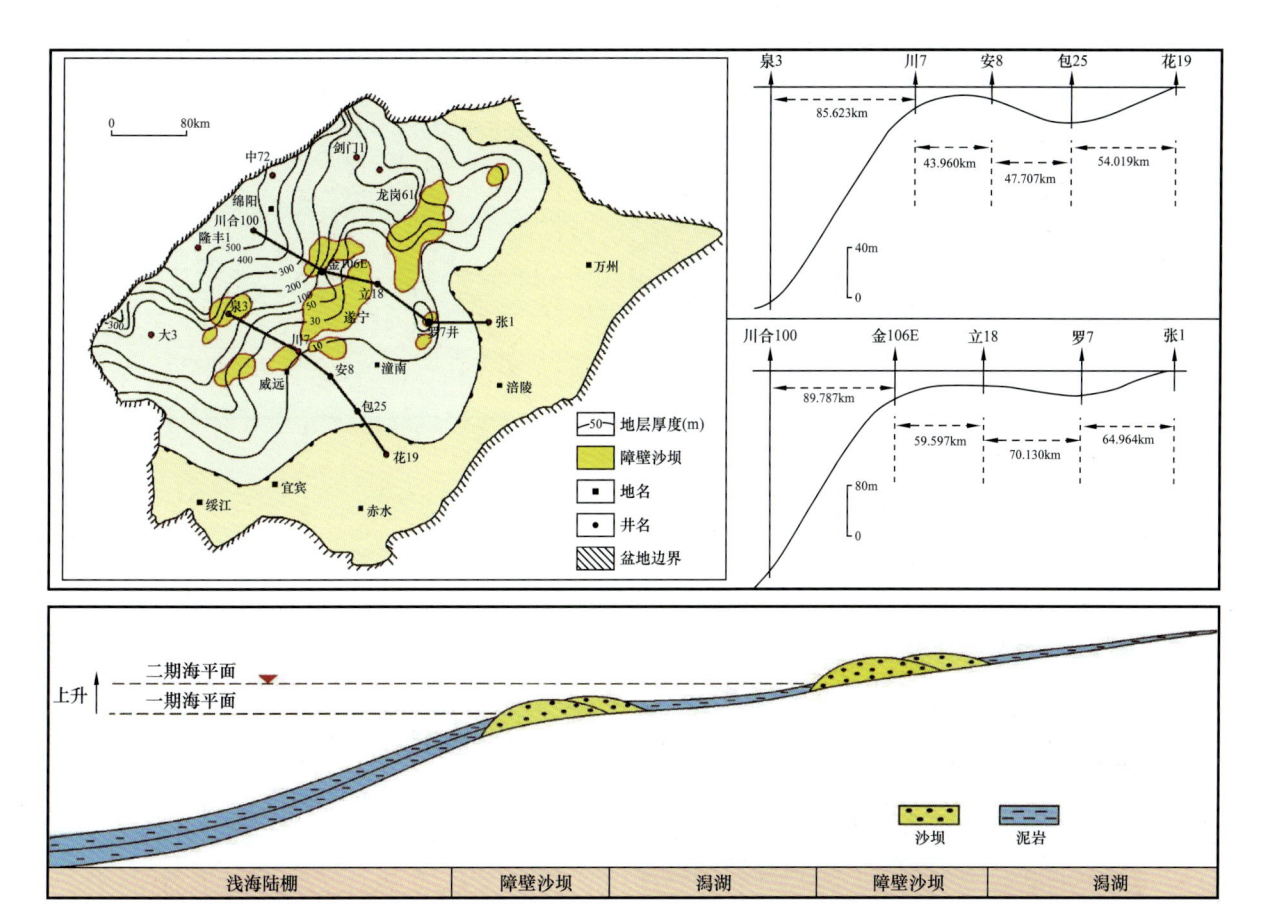

图16 川中上三叠统小塘子组障壁沙坝沉积体系展布

积相对比剖面上，由东南向西北，沉积相由浅海陆相逐渐演变为三角洲前缘席状砂、水下分流河道和三角洲平原水上分流河道，水体逐渐变浅，表明晚三叠世川西北部发育有古地形高地。川西北部物源区提供的砂体，在波浪和沿岸流的作用下，发生侧向迁移，在坡折带附近侧向加积形成障壁沙坝。证据有二：（1）岩石薄片资料分析表明，川西北部砂体和障壁沙坝砂体均为岩屑石英砂岩，砂体性质相似（图17）；（2）根据岩石薄片资料所作的物源类型三角图表明，川西北部和障壁沙坝砂体均属于造山带物源，物源类型相同（图17）。另一方面，川中荷包场—界石场地区发育的小型三角洲，也可能是障壁沙坝砂体的一个重要来源。小型三角洲砂体在波浪和沿岸流的作用下发生侧向迁移，从而形成障壁砂体。

川中上三叠统小塘子组可能发育两类障壁沙坝。第一种是沙嘴增生型障壁沙坝，第二种是滨外沙滩或沙坝侧向增生型障壁沙坝。沙嘴增生型障壁沙坝是由波浪携带沙质物质向岸运动过程中，由于水体变浅，波浪触及岸底，能量降低，其携带的沉积物沉降而堆积形成的。该沙坝内部结构呈丘状，在地震剖面上表现为丘状反射。该类障壁沙坝主要发育在川中南部，规模相对较小。该类成因障壁沙坝在现代墨西哥海岸的东段和北段以及佛罗里达海岸的北段也有发育。滨外沙滩或沙坝侧向增生型障壁沙坝是由潮汐和波浪作用产生的沿岸流，携带三角洲前缘砂体侧向流动而形成，内部结构表现为侧向加积式，在地震反射剖面上表现为侧向加积式。该类障壁沙坝主要分布于川中北部，构成小塘子组障壁沙坝的主体。

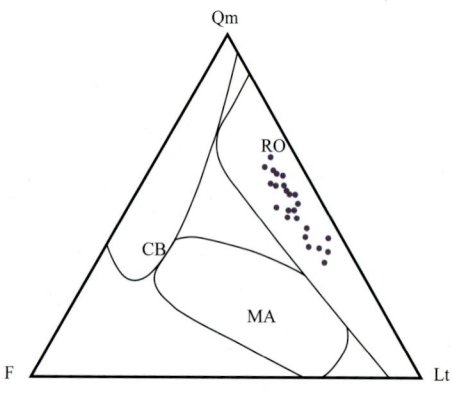

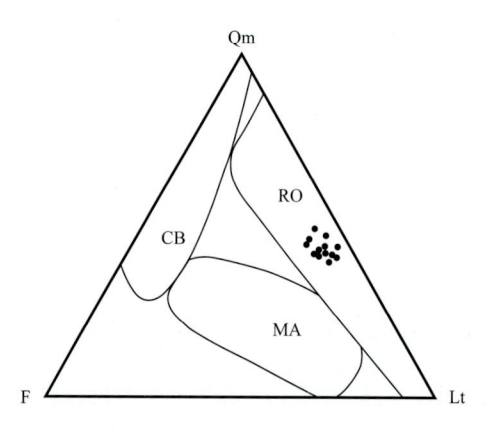

图 17　川中上三叠统小塘子组碎屑成分三角图

川西北部和川中地区砂岩以石英和岩屑为主，长石含量较低，代表了再旋回造山物源性质；三角图中 CB、RO 和 MA 分别代表大陆板块、再旋回造山带和岩浆弧物源投点区域；Qm 为单晶石英含量，F 为长石含量，Lt 为岩屑颗粒含量

第四节　须家河组沉积相类型及成因

一、沉积相类型及分布

四川盆地上三叠统须家河组发育扇三角洲、辫状河三角洲和曲流河三角洲。受盆地性质、供源体系、沉积物粒度、营力性质、河口作用、水体深浅和发育部位等因素的控制，三角洲前缘砂体类型和结构存在差异。

1. 扇三角洲

扇三角洲主要发育于川西北部须三段到须五段（表1），川东北须四段局部发育。扇三角洲平原发育泥石流和辫状河道砂体，纵向多套叠置（施振生等，2010；郑荣才等，2011）。受河流和波浪能量相对强弱控制，发育河控型扇三角洲前缘和浪控型扇三角洲前缘。河控型扇三角洲前缘发育于川西北部须三段、须五段及川东北部，河流能量强、波浪能量弱，水下分流河道砂体发育，局部发育浅滩砂体（图18A）。砂岩与泥岩互层，平面上呈朵叶状，沙地比小于60%（图19）。浪控型扇三角洲前缘发育于川西北部须二段和须四段，波浪和潮汐改造强烈，滩坝砂体大面积发育（图18B），平面上呈土豆状，砂地比大于70%（图19）。滩坝砂体分为砾质滩坝和砂质滩坝两种类型，砾质滩坝以砾岩和砂砾岩为主，砂质滩坝以中砂岩和细砂岩为主，纵向上多套砂体叠置。

表1 四川盆地上三叠统三角洲类型及特征

三角洲前缘类型		砂体类型	砂体形态	分布地区
扇三角洲	河控型	水下分流河道、浅滩	朵叶状	川西北部须三段和须五段、川东北部须四段
	浪控型	砾质滩坝、砂质滩坝	土豆状	川西北部须二段和须四段
辫状河三角洲	河控型	水下分流河道、河口坝	朵叶状	川西中部及南部须三段和须五段
	浪控型	滩坝、席状砂	土豆状	川西中部、川西南部和川中地区须二段、须四段和须六段
曲流河三角洲	缓坡型	水下分流河道	鸟足状	川中小塘子组、须三段和须五段
	陡坡型	水下分流河道、河口坝和席状砂	朵叶状	川西北部小塘子组

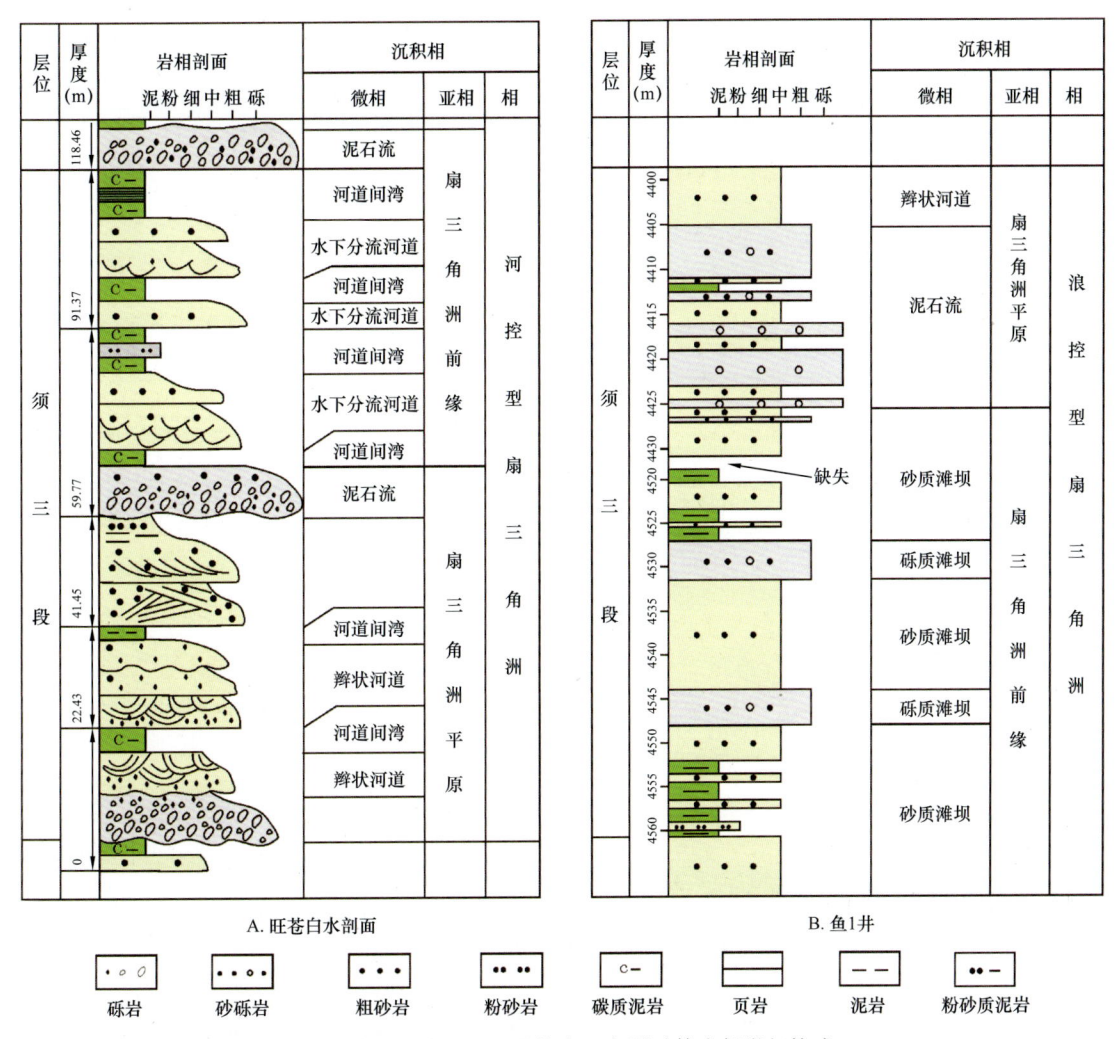

图18 四川盆地上三叠统扇三角洲砂体内部微相构成

图 19 四川盆地上三叠统各层段不同类型三角洲砂体平面展布

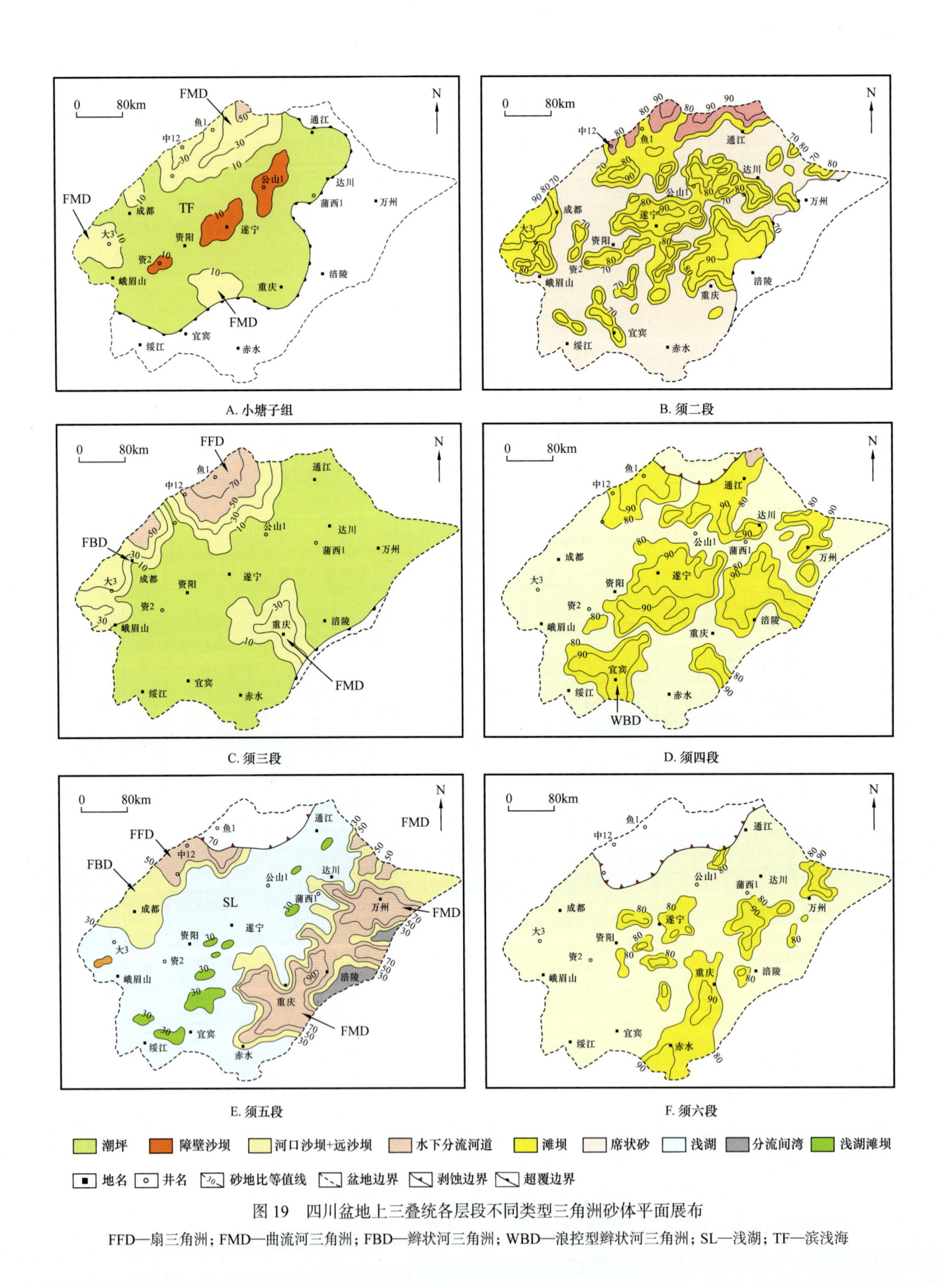

FFD—扇三角洲；FMD—曲流河三角洲；FBD—辫状河三角洲；WBD—浪控型辫状河三角洲；SL—浅湖；TF—滨浅海

2. 辫状河三角洲

辫状河三角洲主要发育于川西中部及南部的须三段和须五段，以及川中地区的须二段、须四段和须六段（表1）。辫状河三角洲平原发育辫状河道砂体，纵向多套叠置，平面上大面积分布。受水体能量、地形坡降和物源供给的联合控制（于兴河等，1994，2013），发育河控型与浪控型两种三角洲前缘。河控型辫状河三角洲前缘主要发育于川西中部和川西南部的须三段与须五段，水下分流河道砂体发育，局部发育河口坝砂体（图20）。纵向上，砂体呈多层楼状结构，与河道间湾泥岩互层接触；平面上，砂体呈朵叶状，砂地比为10%～50%。浪控型辫状河三角洲前缘发育于川西中部、川西南部和川中的须二段、须四段和须六段，滩坝砂体和席状砂发育（侯方浩等，2005）。滩坝砂体以砂质滩坝为主，成分成熟度和结构成熟度高，盆地内部砂岩厚度均匀，岩性一致。砂岩层间夹碳质泥岩，发育低角度冲洗层理、楔状交错层理等沉积构造，砂岩段顶、底与碳质泥岩突变或冲刷面接触，纵向上多套叠置。滩坝砂体平面上呈土豆状（图19），砂地比在70%～90%之间，平行岸线分布。受可容空间影响，砂质滩坝砂体可分为进积型和退积型两类（蒋裕强等，2011）。进积型滩坝以反粒序为主或者粒级变化不大，局部见正、反粒序砂层交互，砂层之间具冲刷面或突变接触；退积型滩坝以正粒序为主，沉积组成及构造与进积型滩坝基本一致。

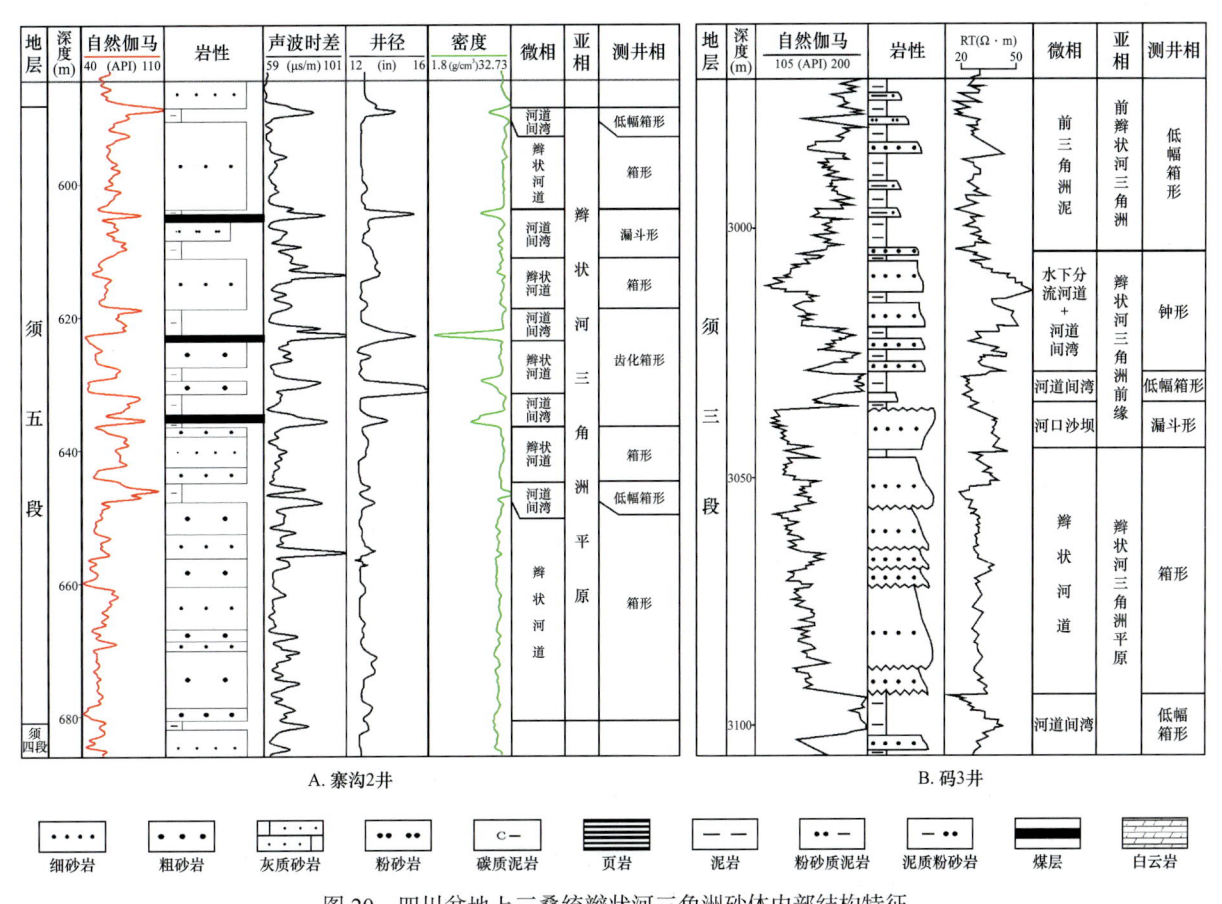

图20 四川盆地上三叠统辫状河三角洲砂体内部结构特征

3. 曲流河三角洲

曲流河三角洲主要发育于川西小塘子组、川中小塘子组、须三段和须五段（表1），为曲流河入盆形成，地形坡降相对较小、物源供给量较少。可细分出三角洲平原、三角洲前缘和前三角洲三个亚相。三角洲前缘砂体类型受地形坡降和水体能量控制，发育缓坡型与陡坡型两种三角洲前缘。缓坡型三角洲前缘发育于川中小塘子组、须三段和须五段，波浪和沿岸流作用较弱（邹才能等，2008；金振奎等，2014），鸟足状水下分流河道砂体发育（图19）。陡坡型三角洲前缘发育不明显，主要分布于川西小塘子组，水下分流河道、河口坝和席状砂三类砂体交互叠置，在平面上呈朵叶状（图19）。

二、成因探讨

1. 古构造

古构造包括盆地古地形、盆地结构和构造活动特征等。晚三叠世前，四川盆地位于扬子板块西缘，一直处于被动大陆边缘沉积环境，地形非常平缓（郑荣才等，2011）。中三叠世拉丁期后，印支早期运动造成四川盆地全面抬升剥蚀，填平补齐（邓康龄，2007；郑荣才等，2008，2009），并形成西低东高的盆地构造格局。晚三叠世前盆地平坦的古地形控制着三角洲前缘砂体的形成及分布。平坦古地形滨岸带宽度增大，构造平静期波浪、潮汐和沿岸流等遭受底形的长距离摩擦，水体能量降低，三角洲前缘河道砂体容易形成和保存。构造活跃期，物源供给增多，风力和地形坡降增大，盆地水体能量较强，三角洲前缘改造强烈，滩坝砂体大面积发育（侯方浩等，2005；蒋裕强等，2011）。

前陆盆地结构控制小塘子组、须三段和须五段三角洲砂体类型及分布。晚三叠世早期，上扬子板块与华北板块碰撞，龙门山北段隆升，川西前陆盆地形成。该时期川西北部位于前陆冲断带和坳陷带，川中位于前陆斜坡带和隆起带。前陆冲断带和坳陷带地形坡降大，物源供给充分，扇三角洲砂体和辫状河三角洲砂体发育；斜坡带和隆起带物源较远，构造活动弱，物源供给少，地形坡降小，曲流河三角洲砂体发育（韩晓东等，2000）。同时，盆地演化阶段对三角洲砂体的形成和演化也具有重要影响。川西北小塘子组沉积期，华北板块和上扬子板块处于碰撞早期，地形相对平缓，物源供给少，曲流河三角洲发育。须三段沉积期之后，碰撞作用加强，地形坡降增大，扇三角洲砂体和辫状河三角洲砂体发育，砾岩和砂砾岩厚度增大。

周缘板块幕式碰撞造成地形坡降和物源供给量差异，从而造成三角洲砂体和滩坝砂体的交互发育。小塘子组沉积期、须三段沉积期和须五段沉积期周缘板块碰撞活动较弱，须二段沉积期、须四段沉积期和须六段沉积期较强。构造活跃期盆地基底挠曲快速沉降，地形坡降增大；构造平静期盆地基底回弹隆起，地形坡降变小（林畅松等，2002）。同时，不同物源区构造活跃期和构造平静期剥蚀作用强度和物源供给量变化，沉积物搬运机制不同。以连井地层对比剖面大邑1—巴13井为例（图21），大邑1井须二段、须四段和须六段分别厚413m、501m和369m，从大邑1井到巴13井地形坡降分别为1.03m/km、1.18m/km和0.96m/km；大邑1井小塘子组、须三段和须五段厚度分别为422m、232m和319m，地层坡降分别为1.12m/km、0.48m/km和0.73m/km，构造活跃期地形坡降和地层厚度明显大于构造平静期。构造平静期相对较小的地形坡降造成浪基面和丰水期水平面之间距离增大，波浪、潮汐和沿岸流作用减小，三角洲形成。构造活跃期浪基面和丰水期水平面之间距离相对较小，波浪、潮汐和沿岸流等作用增强（赵霞飞等，2008，2011，2013），滩坝砂体发育。

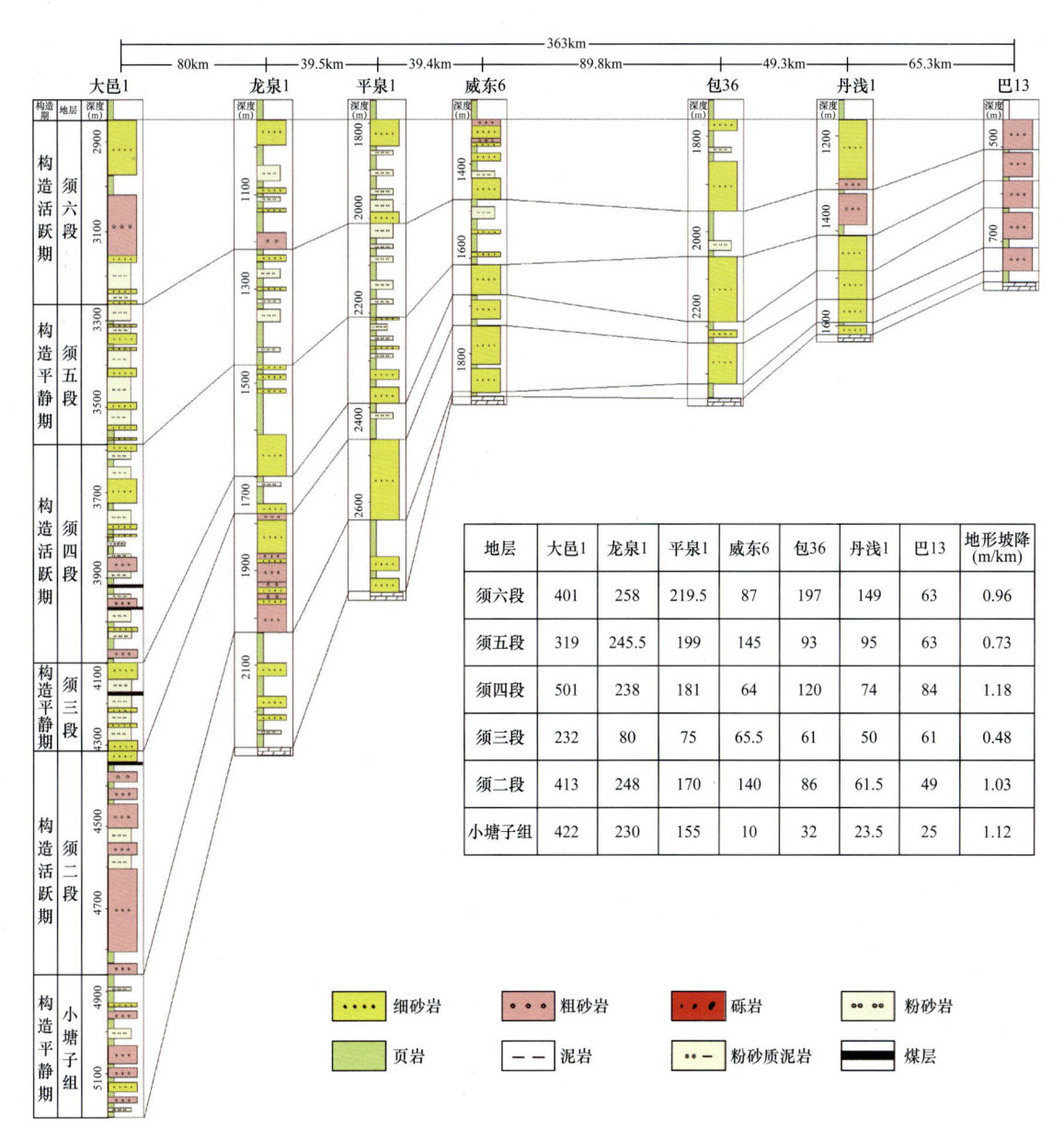

地层	大邑1	龙泉1	平泉1	威东6	包36	丹浅1	巴13	地形坡降(m/km)
须六段	401	258	219.5	87	197	149	63	0.96
须五段	319	245.5	199	145	93	95	63	0.73
须四段	501	238	181	64	120	74	84	1.18
须三段	232	80	75	65.5	61	50	61	0.48
须二段	413	248	170	140	86	61.5	49	1.03
小塘子组	422	230	155	10	32	23.5	25	1.12

图 21　四川盆地大邑 1—巴 13 井须家河组连井地层对比剖面

2. 古气候

古气候决定降雨量、风力、风向及持续时间和植物发育程度，从而影响三角洲前缘滩坝砂体的形成和分布。季风盛行期，波浪、潮汐和沿岸流作用强，三角洲前缘砂体改造强烈，滩坝砂体发育（韩晓东等，2000；商晓飞等，2014）；季风不盛行期，波浪、潮汐和沿岸流作用较弱，三角洲砂体容易形成和保存。

晚三叠世，四川盆地整体为热带—亚热带环境，具有潮湿、炎热的气候特征（黄其胜，1995；王全伟等，2008），但各层段沉积时期气候稍有差异。小塘子组沉积期、须三段沉积期和须五段沉积期为热带、亚热带湿热气候，季风较弱，波浪、潮汐和沿岸流相对较弱，各类三角洲沉积容易形成和保存。须二段沉积期、须四段沉积期和须六段沉积期气候相对温和干旱，季风盛行（徐兆辉等，2010），波浪、潮汐和沿岸流作用强烈，三角洲前缘砂体遭受簸洗、改造，滩坝和席状砂体大面积分布。

- 27 -

古气候不仅控制着波浪、潮汐和沿岸流，也影响着植被的发育。小塘子组沉积期、须三段沉积期和须五段沉积期，由于气候潮湿炎热，植物大量生长，源区水土保持良好，物源供给减少，河流侧向迁移能力减弱，曲流河三角洲发育。同时，大面积的植物易形成大面积的沼泽环境。须二段沉积期、须四段沉积期和须六段沉积期，气候相对温和干燥，源区风化剥蚀能力增强，物源供给增多，河流侧向迁移能力增强，辫状河砂体和冲积扇砂体发育，水下部分容易形成滩坝砂体。

3. 古基准面

前人研究认为，须家河组可划分出四个构造层序两类体系域（郑荣才等，2008）。其中，须二段、须四段和须六段为构造活动期体系域，小塘子组、须三段和须五段为构造平静期体系域。构造平静期体系域又可细分为构造平静早期体系域和构造平静晚期体系域。构造活动期盆地基底快速沉降，基准面上升速率大于沉积物供给速率；构造平静期盆地基底回弹隆起，基准面上升速率小于沉积物供给速率。另外，构造活动期由于盆地构造活动的多期次性，其内部可进一步划分出多个次一级的水进—水退旋回，每期旋回都反映一次大幅度的基准面升降。以合川地区须二段为例，根据基准面与沉积物供给速率之间的关系，可进一步细分出五期四级旋回，水进期砂体发育，水退期泥岩相对发育，整体上反映了一次大幅度的水平面升降（图22）。

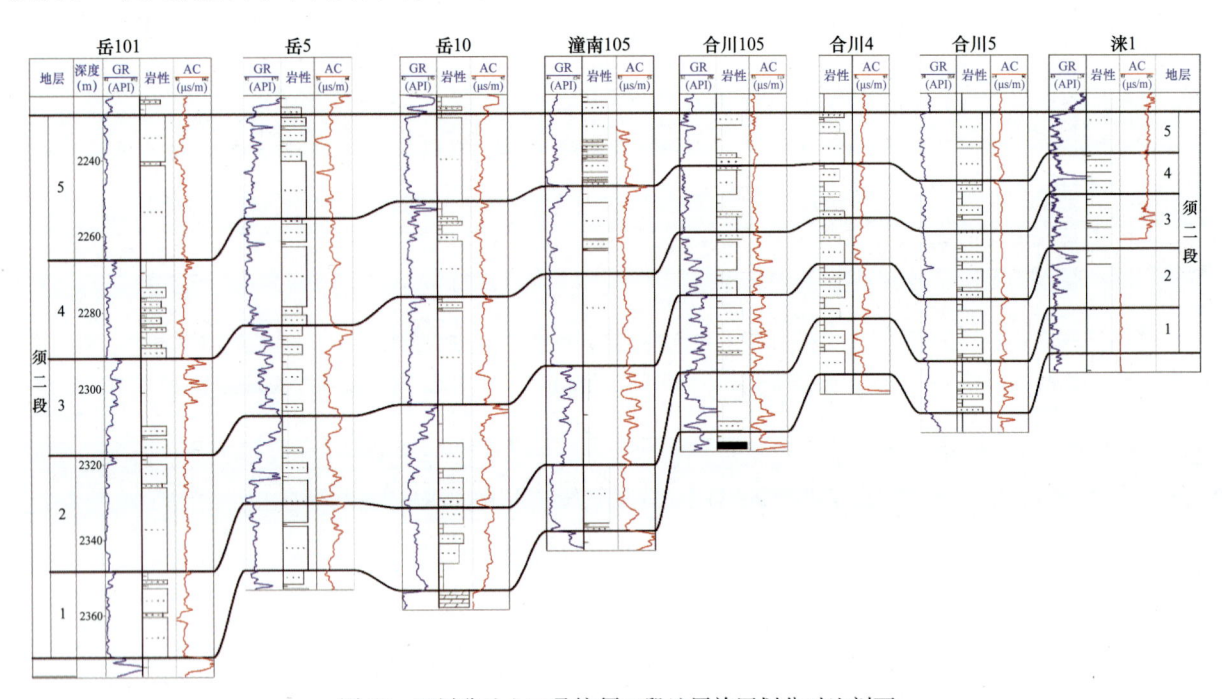

图22　四川盆地上三叠统须二段地层旋回划分对比剖面

基准面频繁进退对三角洲前缘砂体具有重要改造作用。基准面下降时期，河流携带入盆碎屑堆积速率较大，河流作用大于盆地水体作用，三角洲容易形成和保存（邹才能等，2008）。随着基准面上升速率逐渐增大，在基准面下降—上升的拐点附近，盆地水体在一段时间内保持稳定，盆地水体改造强烈，河流作用相对较弱，滩坝砂体容易形成（罗启后等，1983）。各类三角洲前缘砂体在盆地水体改造下，形成广泛分布的滩坝和席状砂。基准面上升时期，浪基面以上大量的陆源碎屑被波浪来回冲刷改造，是滩坝发育的最有利期。

第二部分
四川盆地上三叠统碎屑岩图版

第一节 岩石类型

一、砂砾岩

◂ 莲深1井，2（54/84）块

浅灰色含砾细砂岩，砾石成分多为泥质，多呈棱角状—次圆状，顺层排列

▸ 广安101井，2330.95m

浅灰色含砾粗砂岩，砾石成分多为泥质和碳质，呈次棱角状—次圆状

◂ 包36井，2072.47m

岩心上部为浅灰色含泥砾砂岩，泥砾呈条带状，其底部可见冲刷—充填构造；岩心下部为浅灰色细砂岩，块状构造

▸ 包36井，2072.75m

岩心上部为灰黑色块状构造泥岩；岩心下部为浅灰色含泥砾砂岩，块状构造，泥砾呈团块状、条带状和次棱角状，大小混杂

◀ 广安102井，2031.50m

浅灰色砂砾岩，正粒序层理，砾石成分多为泥质和碳质，呈团块状、次棱角状—次圆状，由下至上粒径逐渐变细

◀ 广安102井，2026.85m

浅灰色砂砾岩，正粒序层理，砾石成分多为泥质和碳质，呈团块状、次棱角状—次圆状，由下至上粒径逐渐变细

▲ 广安102井，2026.99m

岩心中上部为浅灰色砂砾岩，正粒序层理，砾石成分多为泥质和碳质，呈团块状、次棱角状—次圆状，粒径由下至上逐渐变细；岩心下部为块状构造粗砂岩

◀ 广安102井，2034.08m

浅灰色砂砾岩，正粒序层理，砾石成分多为泥质和碳质，呈团块状、次棱角状—次圆状，由下至上粒径逐渐变细

▶ 广安102井，2202.56m

浅灰色砂砾岩，正粒序层理，砾石成分多为泥质和碳质，呈团块状、次棱角状—次圆状，由下至上粒径逐渐变细

▲ 广安106井，2330.08m

浅灰色砂砾岩，正粒序层理，砾石成分多为石英、燧石、岩屑及煤屑等，呈团块状、次棱角状—次圆状，粒径由下至上逐渐变细

▲ 广安106井，2340.65m

浅灰色砂砾岩，块状构造，砾石成分多为泥质和碳质，呈团块状、次棱角状—次圆状

▲ 广安116井，2098.24m

浅灰色砂砾岩，块状构造，砾石成分多为泥质，泥砾呈撕裂状、次棱角状

◀ 包36井，2156.1m

浅灰色含泥砾粗砂岩，块状构造，泥砾呈棱角状、撕裂状或团块状，多数顺层排列，少数与层面垂直或高角度倾斜

▶ 包浅001-16井，1762.11m

上部为含泥砾粗砂岩，下部为块状构造细砂岩，二者突变接触。泥砾多呈椭圆状，少数呈棱角状，顺层排列

◀ 包36井，2175.40m

上部为浅灰色含泥砾细砂岩，下部为浅灰色细砂岩，块状构造。泥砾主要呈撕裂状、条带状、棱角状，多顺层排列

▶ 包浅001-16井，1767.34m

浅灰色细砂岩，整体为块状构造，中部为含泥砾细砂岩，砾石多呈棱角状、大小混杂，顺层排列

▲ 董15井，2300.52m

浅灰色含泥砾中砂岩，块状构造，泥砾多呈棱角状、撕裂状或团块状，顺层排列

▲ 包46井，1836.15m

浅灰色含砾砂岩，砾石成分为泥砾，呈团块状、条带状，大小混杂

▲ 包浅 204 井，1744.15m

　　浅灰色含泥砾粗砂岩，块状构造，泥砾多呈棱角状或撕裂状，少数泥砾呈团块状，大小混杂

▲ 丹浅 1 井，1561.4m

　　浅灰色含砾砂岩，块状构造，砾石多为泥质，呈棱角状、撕裂状或团块状，多数顺层排列，少数与层面垂直或高角度倾斜

▲ 丹浅 1 井，1567m

　　浅灰色含砾砂岩，块状构造，砾石多为泥质，呈棱角状、撕裂状或团块状，多数顺层排列，少数与层面垂直或高角度倾斜

◀ 丹浅 1 井，1572m

　　浅灰色含砾砂岩，块状构造，砾石多为泥质，呈棱角状、撕裂状或团块状，多数顺层排列，少数与层面垂直或高角度倾斜

▶ 广安 15 井，1665.5m

　　浅灰色含砾砂岩，块状构造，砾石多为泥质，少数为燧石。泥砾多呈棱角状、撕裂状或团块状，顺层排列

- 35 -

◀ 广安 15 井，1664.65m

浅灰色含砾砂岩，块状构造，砾石多为泥质且含炭屑，呈棱角状、撕裂状或团块状，多数顺层排列，少数与层面垂直或高角度倾斜

▶ 广安 15 井，1658.64m

上部为浅灰色含砾粗砂岩，块状构造，砾石多为泥质，呈棱角状、撕裂状或团块状，多数顺层排列。下部为块状构造粗砂岩

◀ 广安 15 井，1655.75m

浅灰色含砾砂岩，块状构造，砾石多为碳质，呈棱角状和撕裂状

▶ 广安 15 井，1624.38m

浅灰色块状构造粗砂岩；中间夹有少量炭屑和碳质条带

▲ 广安 15 井，1648.64m

浅灰色含砾砂岩，块状构造，砾石多为泥质且含炭屑，呈棱角状、撕裂状或团块状

▲ 广安 15 井，1641.47m

浅灰色含砾砂岩，块状构造，砾石多为泥质且含炭屑，呈棱角状、撕裂状或团块状，多数顺层排列

▲ 广安 15 井，1636.40m

浅灰色含砾砂岩，块状构造，砾石多为泥质和碳质，呈棱角状、撕裂状，多数顺层排列

◀ 广安 15 井，1638.58m

浅灰色含砾砂岩，块状构造，砾石多为碳质，呈棱角状、撕裂状

▶ 广安 15 井，1630.84m

上部为浅灰色粗砂岩，块状构造，下部为含砾粗砂岩；砾石多为碳质，呈棱角状、撕裂状

◀ 广安109井，2293.52m

浅灰色含砾砂岩，块状构造，砾石多为泥质和碳酸盐岩，呈团块状或次圆状，顺层排列

▶ 广安15井，1657.21m

浅灰色含砾砂岩，块状构造，砾石多为泥质和碳质，呈棱角状、撕裂状或团块状，顺层排列

◀ 广安102井，2180.29m

浅灰色含砾砂岩，块状构造，砾石多为泥质且含炭屑，呈棱角状或撕裂状

▶ 汉4井，3124.00m

浅灰色砂砾岩，块状构造，砾石多为泥质，呈椭圆状，叠瓦状排列

- 38 -

◀ 广安 102 井，2133.50m

浅灰色含砾粗砂岩，块状构造，砾石多为泥质且含炭屑，呈条带状分布

▶ 广安 102 井，2192.18m

浅灰色含砾砂岩，块状构造，砾石多为泥质且含炭屑，呈棱角状或撕裂状

▲ 广安 106 井，2105.42m

浅灰色含砾砂岩，块状构造，砾石大小混杂，较大的砾石多为泥质，呈棱角状、撕裂状；较小的砾石多为碳酸盐岩、岩屑等，呈团块状

▲ 广安 106 井，2043.66m

浅灰色含砾砂岩，块状构造，砾石多为碳质撕裂屑，少数为泥质

▲ 包 36 井，2110.78m

浅灰色含砾砂岩，砾石成分为泥砾，呈团块状、条带状，大小混杂

◀ 广安109井，2075.86m

浅灰色含砾砂岩，块状构造，砾石多为泥质，呈棱角状或撕裂状

▶ 广安109井，2291.32m

浅灰色含泥砾砂岩，块状构造，砾石大小混杂，较大的砾石多呈棱角状、撕裂状；较小的砾石多呈团块状

◀ 广安 15 井，1630.84m

上部为浅灰色粗砂岩，块状构造，下部为含砾粗砂岩，砾石多为泥质，呈棱角状、撕裂状

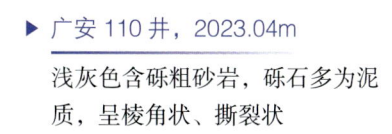

▶ 广安 110 井，2023.04m

浅灰色含砾粗砂岩，砾石多为泥质，呈棱角状、撕裂状

◀ 广安 110 井，2039.46m

浅灰色含砾粗砂岩，砾石多为泥质且含炭屑，呈棱角状、撕裂状

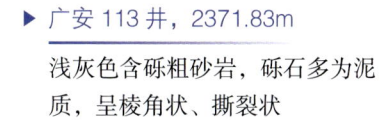

▶ 广安 113 井，2371.83m

浅灰色含砾粗砂岩，砾石多为泥质，呈棱角状、撕裂状

◀ 广安 110 井，1996.76m

上部为灰黑色泥岩，下部为浅灰色含砾粗砂岩，砾石多为泥质且含炭屑，呈棱角状、撕裂状

▶ 广安 116 井，2105.65m

浅灰色含砾粗砂岩，砾石多为泥质和碳酸盐岩。泥砾多呈棱角状，碳酸盐岩砾多呈团块状，砾石多顺层排列，少数与层面垂直

▲ 广安113井，2351.13m
浅灰色含砾粗砂岩，砾石成分主要为泥质和碳质，呈条带状、撕裂状、棱角状和团块状

▲ 广安113井，2343.32m
浅灰色含砾粗砂岩，砾石多为泥质和碳质，呈条带状和撕裂状

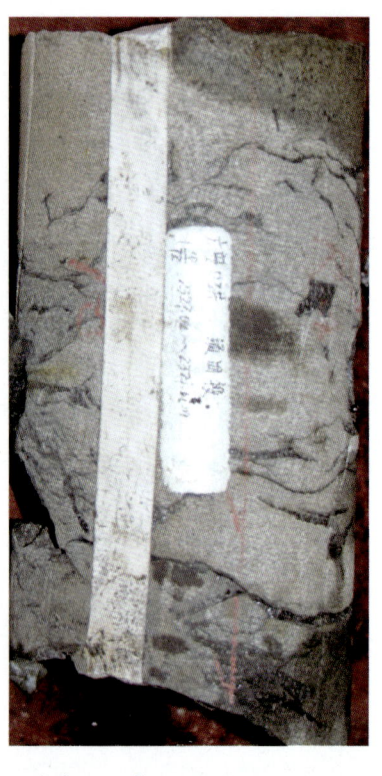

▲ 广安113井，2327.04m
浅灰色含砾粗砂岩，砾石多为泥质和碳质，呈条带状和撕裂状

▲ 广安113井，2343.93m
浅灰色含砾粗砂岩，砾石成分有泥质、石英岩和燧石等。泥质多呈棱角状、撕裂状、团块状，石英岩和燧石多呈次圆状

▲ 莲深102井，2712.81m
灰黑色砾岩，砾石成分有石英岩和泥质。石英岩呈次圆状，泥质呈棱角状

▲ 莲深102井，2712.90m
浅灰色含砾粗砂岩，砾石成分有泥质和碳质等，呈棱角状、撕裂状、团块状

- 42 -

◀ 广安116井，2113.43m

浅灰色含砾粗砂岩，砾石成分有泥质和碳质等，呈次圆状、团块状

▶ 广安138井，2546.73m

浅灰色含砾细砂岩，砾石成分有泥质，呈次棱角状、撕裂状

◀ 广安138井，2546.51m

浅灰色含砾中砂岩，砾石成分有泥质，呈棱角状、撕裂状

▶ 剑门103井，4454.93m

浅灰色砂砾岩，砾石成分主要为碳酸盐岩砾石，呈次圆状

▲ 剑门104井，4230.45m
褐灰色中砾岩，砾石成分有碳酸盐岩、石英和燧石，呈次圆状

▲ 汉4井，3102.00m
浅灰色含砾细砂岩，砾石成分有泥质，呈棱角状或撕裂状

▲ 剑门104井，4238.34m
褐灰色中砾岩，砾石成分有碳酸盐岩、石英和燧石，呈次圆状

◀ 广安102井，1947.40m
浅灰色含砾砂岩，块状构造，砾石多为泥质，呈棱角状或团块状

▶ 剑门104井，4232.45m
褐灰色中砾岩，砾石成分有碳酸盐岩、石英和燧石等，呈次圆状

◀ 剑门 104 井，4235.46m

褐灰色中砾岩，砾石成分有碳酸盐岩、石英和燧石等，呈次圆状

▶ 金 31 井，3133.50m

浅灰色含砾砂岩，块状构造，砾石多为泥质，呈棱角状或团块状

◀ 剑门 105 井，4125.08m

褐灰色中砾岩，砾石成分有碳酸盐岩，呈次圆状

▶ 金 31 井，1430.50m

浅灰色含砾砂岩，块状构造，砾石多为碳质撕裂屑

- 45 -

◀ 金31井，3174.60m

褐灰色砂砾岩，砾石成分有泥质和碳酸盐岩，呈次棱角状、次圆状或团块状

▶ 莲深101井，2806.97m

浅灰色含砾砂岩，块状构造，砾石多为泥质和碳质，呈棱角状或团块状

◀ 剑门104井，4582.06m

褐灰色砂砾岩，块状构造，砾石成分多为碳酸盐岩，呈圆状至次圆状

▶ 莲深101井，2802.01m

浅灰色含砾砂岩，块状构造，砾石多为泥质和碳质等，呈棱角状或团块状

- 46 -

◁ 莲深 101 井，2762.13m

浅灰色含砾砂岩，块状构造，砾石多为碳酸盐岩砾、石英砾且含炭屑等。碳酸盐岩和石英砾多呈次圆状或团块状，碳质砾呈撕裂状

▷ 莲深 101 井，2751.37m

浅灰色含砾砂岩，块状构造，砾石多为碳酸盐岩砾和石英砾且含炭屑等。碳酸盐岩和石英砾呈次圆状和团块状，而碳质砾呈撕裂状

◁ 莲深 102 井，2692.47m

浅灰色含砾砂岩，块状构造，砾石多含炭屑。呈棱角状或撕裂状

▷ 莲深 102 井，2710.09m

浅灰色含砾砂岩，块状构造，砾石多含炭屑。呈棱角状或撕裂状

◀ 莲深 101 井，2761.69m

下部为灰色含砾粗砂岩，砾石成分主要为石英砾和泥屑，石英砾主要呈次圆状或团块状，泥屑主要呈撕裂状；中部主要为粗砂岩，上部主要为细砂岩—粉砂岩。由下至上构成正粒序层理

▶ 莲深 102 井，2712.59m

浅灰色含砾砂岩，块状构造，砾石多含炭屑。呈棱角状或撕裂状

▶ 莲深 102 井，2723.93m

下部为灰色砂砾岩，砾石成分主要为石英和燧石，呈次圆状或团块状；上部主要为粗砂岩。由下至上构成正粒序层理

◀ 莲深 102 井，2713.48m

浅灰色含砾砂岩，槽状交错层理，砾石多含炭屑。呈棱角状或撕裂状，顺层排列

▶ 莲深 102 井，2724.00m

上部为浅灰色含砾砂岩，砾石多含炭屑，呈棱角状或撕裂状。下部为浅灰色粗砂岩，块状构造

◀ 龙 12 井，3461.5m

浅灰色砂砾岩，块状构造，砾石多为泥质，多呈次棱角状或团块状

▶ 麻 14 井，1091.87m

浅灰色含砾砂岩，块状构造，砾石多为泥质且含炭屑，呈棱角状或撕裂状

-49-

◀ 龙12井，3567.50m

浅灰色含砾粗砂岩，块状构造，砾石多为碳质，呈棱角状

▶ 龙12井，3447.50m

浅灰色含砾粗砂岩，块状构造，砾石多为碳质，呈棱角状

◀ 龙岗160井，3082.69m

浅灰色砾岩，块状构造，砾石成分多为石英砾和燧石等，呈次圆状

▶ 龙14井，3112.30m

浅灰色砾岩，块状构造，砾石多为石英砾，呈次圆状

◀ 龙14井，3106.84m

浅灰色砾岩，块状构造，砾石多为石英岩，呈次棱角状—次圆状

▶ 女101井，2271m

浅灰色含砾粗砂岩，块状构造，砾石多为泥砾，呈棱角状

◀ 龙14井，3112.23m

浅灰色砾岩，块状构造，砾石多为石英岩，呈次棱角状—次圆状

▶ 龙12井，3444m

浅灰色含砾砂岩，块状构造，砾石多为碳质，呈棱角状

◀ 龙12井，3442.5m

浅灰色砂砾岩，块状构造，砾石多为碳质，呈团块状、棱角状

▶ 龙12井，3439m

浅灰色含砾砂岩，块状构造，砾石多为碳质，呈条带状和团块状

◀ 龙岗61井，4273.89m

浅灰色含砾砂岩，块状构造，砾石多含炭屑，呈条带状或撕裂状

▶ 龙岗61井，4288.88m

浅灰色含砾砂岩，块状构造，砾石多含炭屑，呈条带状或撕裂状

◀ 麻 14 井，1047.2m

浅灰色含砾细砂岩，块状构造，砾石多为泥质，呈条带状、撕裂状和团块状

▶ 女 101 井，2282m

浅灰色含砾粗砂岩，块状构造，砾石多为泥砾，呈棱角状

◀ 龙岗 167 井，3570.92m

浅灰色砾岩，块状构造，砾石多为石英砾，呈次圆状，与层面垂直或高角度倾斜

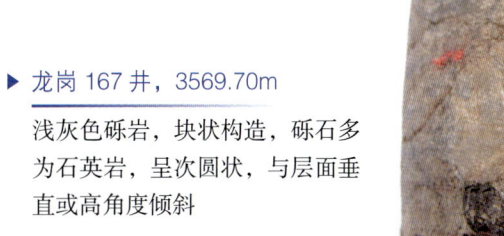

▶ 龙岗 167 井，3569.70m

浅灰色砾岩，块状构造，砾石多为石英岩，呈次圆状，与层面垂直或高角度倾斜

◀ 龙女1井，1907.37m

浅灰色含砾细砂岩，块状构造，砾石多为泥质，呈次棱角状—次圆状，多顺层排列

▲ 平1井，2579m

浅灰色含砾砂岩，块状构造，砾石多为碳质，呈棱角状—次棱角状，多顺层排列

◀ 蓬溪1井，2835.84m

浅灰色含砾粗砂岩，块状构造，砾石多为泥质，呈次棱角状—次圆状，顺层排列

▲ 平落1井，3515m

浅灰色含砾砂岩，块状构造，砾石多为泥质或碳质，呈棱角状或撕裂状，多顺层排列

◀ 青林1井，2888.1m

浅灰色含砾中砂岩，块状构造，砾石多为泥质，呈次棱角状，多数顺层排列，少数与层面高角度倾斜

▶ 遂36井，2148.41m

浅灰色含砾粗砂岩，块状构造，砾石多为泥砾，呈棱角状，多数顺层排列，少数与层面高角度倾斜

◀ 邛西1井，4257.08m

浅灰色含砾中砂岩，块状构造，砾石多为泥质，呈条带状或撕裂状，多数顺层排列

▶ 潼2井，1056m

浅灰色含砾细砂岩，块状构造，砾石多为泥砾，呈棱角状

▲ 威东2井，2077.3m

浅灰色含砾粗砂岩，块状构造，砾石多为泥质，呈棱角状—次棱角状

▲ 音23井，2243.5m

浅灰色含砾砂岩，块状构造，砾石多为泥砾，呈条带状、棱角状，多数顺层排列，少数与层面垂直

▲ 文6井，4154m

灰黑色砾岩，块状构造，砾石多为碳酸盐岩砾和泥砾，呈次圆状，与层面高角度倾斜

◀ 营21井，2568.5m

浅灰色含砾细砂岩，块状构造，砾石多为泥砾，呈棱角状、条带状和撕裂状

◀ 岳2井，1794.73m

浅灰色含砾粗砂岩，块状构造，砾石多为泥质，呈条带状和撕裂状，多数顺层排列

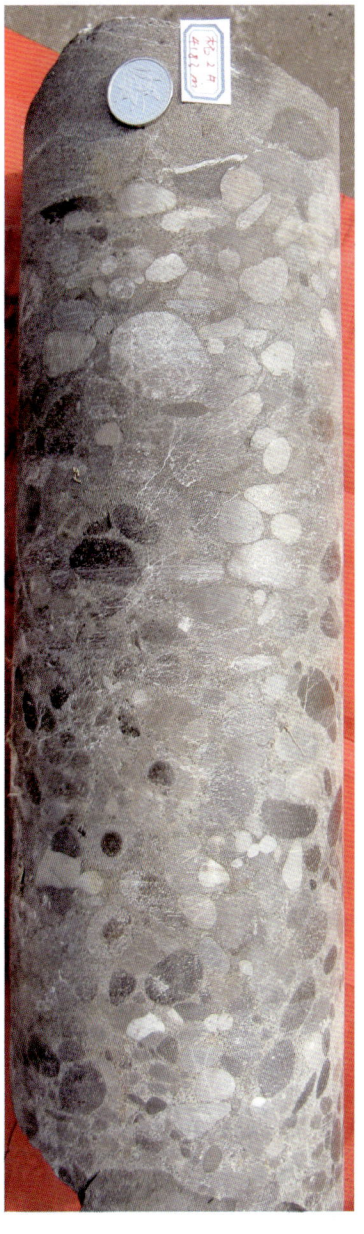

◀ 柘2井，4183m

灰黑色砾岩，块状构造，砾石成分多为碳酸盐岩，呈次圆状

▶ 柘2井，4199.5m

浅灰色含砾砂岩，块状构造，砾石多为泥砾，呈条带状，多数顺层排列

▶ 柘2井，4452m

浅灰色含砾砂岩，块状构造，砾石成分多为碳质，呈条带状或撕裂状

◀ 柘6井，4207.5m

灰黑色砾岩，块状构造，砾石多为碳酸盐岩，呈次圆状

▶ 中73井，2219.8m

灰黑色砾岩，块状构造，砾石多为碳质砾，呈棱角状

◀ 中55井，2636.14m

灰黑色砾岩，块状构造，砾石多为碳酸盐岩，呈次圆状

◀ 梓潼2井，3803.8m

灰黑色砾岩，块状构造，砾石多为碳酸盐岩，呈次圆状

▲ 中55井，4151.44m

灰黑色砾岩，块状构造，砾石多为碳酸盐岩，呈次圆状

二、砂岩

▲ 白马 8 井，3741.34m
浅灰色粗砂岩，块状构造

▲ 白马 8 井，3741.18m
浅灰色粗砂岩，块状构造

▲ 白马 8 井，3741.01m
浅灰色粗砂岩，块状构造

◀ 白马 8 井，3503.18m
浅灰色粗砂岩，块状构造

▶ 包 36 井，2083.4m
浅灰色楔状交错层理中砂岩

◀ 包 36 井，2098.2m
浅灰色块状构造中砂岩

▶ 灌口 2 井，4839.24m
浅灰色粗砂岩，块状构造，含有少量碳质砾

◀ 广安102井，1903.28m

灰色粗砂岩，块状构造，含有少量古植物根迹化石

▶ 广安138井，2504.33m

灰色粗砂岩，块状构造，含有大量油斑

▶ 广安138井，2503.42m

灰色粗砂岩，块状构造，含有大量油斑

◀ 广安138井，2506.79m

灰色粗砂岩，块状构造，底部含有少量团块状碳质砾，含有大量油斑

▶ 广安138井，2511.80m

灰色粗砂岩，层面上含有大量油斑

▶ 剑门104井，4424.81m

灰色灰质细砂岩，较致密，含有少量条带状碳质砾

▲ 包浅201井，1752.97m
　浅灰色粗砂岩，块状构造

▲ 灌口2井，4834.64m
　浅灰色粗砂岩，块状构造

▲ 灌口2井，4834.64m
　浅灰色粗砂岩，层面见大量炭屑

◀ 灌口2井，4836.60m
　浅灰色粗砂岩

▶ 灌口2井，4836.91m
　浅灰色粗砂岩

◀ 莲深 101 井，2801.43m

灰色粗砂岩，块状构造，上部含有少量泥屑，泥屑呈棱角状或撕裂状，顺层排列

▶ 莲深 102 井，2693.22m

褐灰色粗砂岩，块状构造，上部含有大量炭屑，呈撕裂状，顺层排列

▶ 莲深 102 井，2705.24m

褐灰色粗砂岩，块状构造，下部炭屑含量较高，颜色较深

◀ 莲深 102 井，2693.16m

褐灰色粗砂岩，块状构造，中间夹有少量泥屑，泥屑呈棱角状或撕裂状，顺层排列

◀ 莲深102井，2711.82m

上部为块状构造细砂岩，下部为含砾粗砂岩，砾石成分主要为碳质，呈团块状、棱角状或撕裂状，底部见冲刷面。由下至上，颗粒粒度变细，整体呈正粒序

▶ 莲深102井，2698.50m

中上部为块状构造细砂岩，含有大量泥质条带，下部为含砾粗砂岩，砾石成分主要为泥质和碳质，呈条带状，底部见冲刷面。由下至上，颗粒粒度变细，整体呈正粒序

◀ 龙岗61井，4301.5m

灰色粗砂岩，块状构造

▶ 莲深102井，2715.13m

上部为块状构造细砂岩，下部为含砾粗砂岩，砾石成分主要为碳质屑，呈棱角状或撕裂状。由下至上，颗粒粒度变细，整体呈正粒序

◀ 莲深 102 井，2716.00m

褐灰色粗砂岩，块状构造，上部含有泥屑，泥屑呈棱角状

▶ 龙 12 井，3562m

灰色块状构造粗砂岩，发育高角度裂缝，裂缝充填物为方解石

◀ 龙岗 61 井，4297.62m

灰色粗砂岩，块状构造

▶ 龙岗 16 井，3520.20m

灰色块状构造粗砂岩，发育楔状交错层理

◀ 龙12井，3563.00m

褐灰色粗砂岩，块状构造

▶ 龙12井，3574m

上部为灰色块状构造粉砂岩，下部为浅灰色块状构造粗砂岩，整体呈正粒序

◀ 女101井，2287.1m

褐灰色粗砂岩，层面上发育大量植物茎叶片化石

◀ 柘2井，4149.90m

灰白色细砂岩，块状构造，中间含有少量泥砾和碳酸盐岩砾，呈次棱角状—次圆状

▶ 龙岗163井，2362.52m

灰白色细砂岩，块状构造

▶ 包36井，2094.6m

浅灰色含泥砾砂岩，块状构造，下部见泥岩撕裂屑，撕裂屑呈条带状、透镜状，多顺层排列，上部泥砾相对较小，多呈团块状

◀ 龙岗 16 井，3512.88m

上部为褐灰色含砾砂岩，砾石成分为燧石，呈次棱角状，发育冲刷—充填构造，中下部发育槽状交错层理粗砂岩

▶ 龙 12 井，3407m

灰黑色块状构造粗砂岩，中间含有少量碳质砾，呈棱角状

碳质砾

碳质撕裂屑

◀ 龙岗 61 井，4288.74m

灰色粗砂岩，槽状交错层理，上部见碳质撕裂屑

▲ 女 107 井，2090m

灰色中砂岩，层面上发育大量植物茎叶片化石

◀ 广安 15 井，1660.39m

浅灰色粗砂岩，块状构造。顶部含有少量条带状碳质撕裂屑，中间见碳质条带和团块状泥砾

▶ 广安 102 井，1899.86m

块状构造细砂岩，生物扰动构造发育，砂岩层几乎均质化

◀ 广安 102 井，1898.83m

块状构造细砂岩，上部见小型断层和液化砂岩脉

▶ 广安 102 井，1899.33m

块状构造细砂岩，生物扰动构造发育，砂岩层几乎均质化

◀ 广安110井，1998.48m

上部为浅灰色粗砂岩，块状构造；下部为沙纹交错层理细砂岩

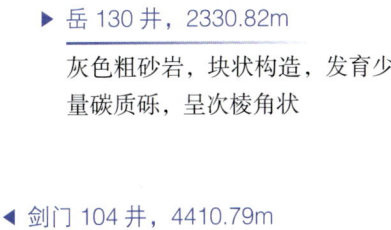

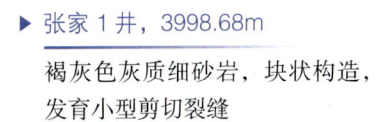

▶ 岳130井，2330.82m

灰色粗砂岩，块状构造，发育少量碳质砾，呈次棱角状

◀ 剑门104井，4410.79m

褐灰色灰质细砂岩，块状构造

▶ 张家1井，3998.68m

褐灰色灰质细砂岩，块状构造，发育小型剪切裂缝

◀ 瓦6井，961.3m

褐灰色粗砂岩，块状构造，发育大量顺层裂缝

▶ 莲花000-1井，3290.35m

灰色灰质中砂岩，块状构造

◀ 莲花000-1井，3296.32m

浅灰色灰质中砂岩，较致密，块状构造

▶ 莲花000-1井，3294.65m

灰色灰质中砂岩，块状构造

◀ 莲花000-1井，3295.00m

浅灰色灰质中砂岩，较致密，块状构造

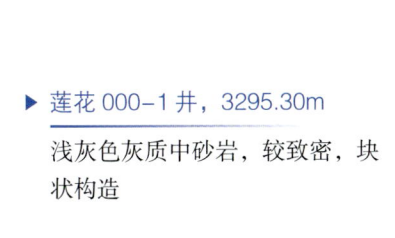

▶ 莲花000-1井，3295.30m

浅灰色灰质中砂岩，较致密，块状构造

◀ 莲花000-1井，3295.62m

浅灰色灰质中砂岩，较致密，块状构造

▶ 莲花000-1井，3295.94m

浅灰色灰质中砂岩，较致密，块状构造

▲ 莲花000-1井，3295.80m
浅灰色中砂岩，较致密，块状构造

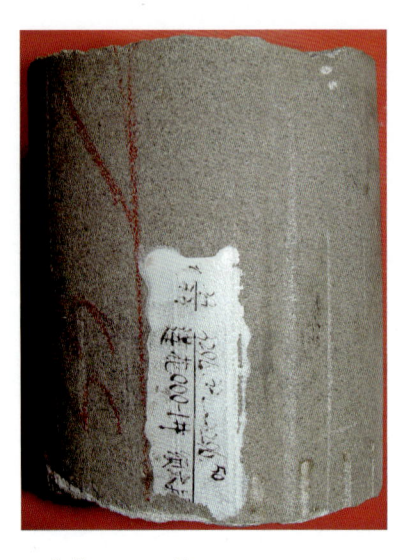

▲ 莲花000-1井，3296.32m
浅灰色中砂岩，较致密，块状构造

▲ 莲花000-1井，3297.33m
浅灰色中砂岩，较致密，块状构造

▲ 莲花000-1井，3296.72m
浅灰色中砂岩，较致密，块状构造

▲ 莲花000-1井，3297.19m
浅灰色中砂岩，较致密，块状构造

▲ 莲花000-1井，3297.51m
浅灰色中砂岩，较致密，块状构造

◀ 莲花000-1井，3297.67m

浅灰色中砂岩，较致密，块状构造

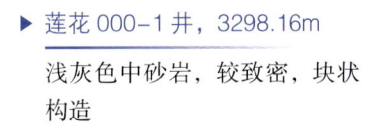

▶ 莲花000-1井，3298.16m

浅灰色中砂岩，较致密，块状构造

◀ 莲花000-1井，3297.82m

浅灰色中砂岩，较致密，块状构造

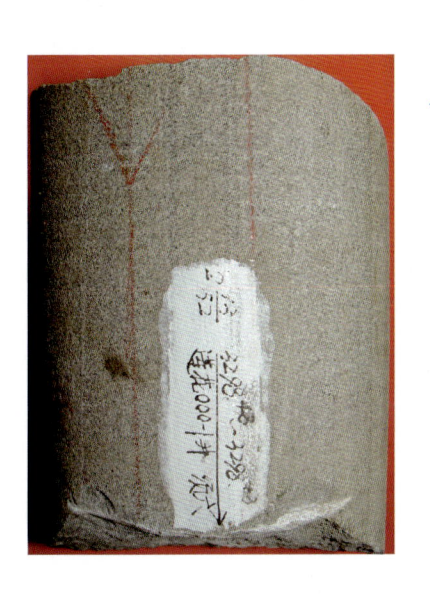

◀ 莲花000-1井，3298.48m

浅灰色中砂岩，较致密，块状构造

▶ 莲花000-1井，3298.32m

浅灰色中砂岩，较致密，块状构造

◀ 莲花000-1井，3298.63m
浅灰色中砂岩，较致密，块状构造

▶ 莲花000-1井，3299.39m
浅灰色中砂岩，较致密，块状构造

◀ 莲花000-1井，3298.80m
浅灰色中砂岩，较致密，块状构造

◀ 莲花000-1井，3299.20m
浅灰色中砂岩，较致密，块状构造

▶ 龙12井，3435m
浅灰色中砂岩，较致密，块状构造

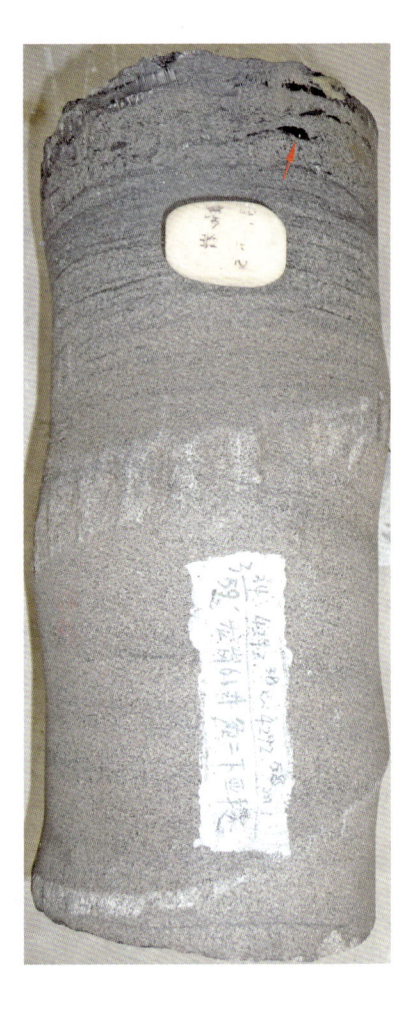

◀ 龙岗 61 井，4292.38m

上部为细砂岩，含炭屑，呈棱角状；下部为槽状交错层理粗砂岩。由下至上，整体构成正粒序

▶ 龙岗 161 井，2367.27m

浅灰色细砂岩，较致密，块状构造

▶ 莲花 000-1 井，3299.73m

浅灰色中砂岩，较致密，块状构造

◀ 龙岗 61 井，4159.48m

浅灰色粗砂岩，较致密，块状构造

▶ 龙岗 161 井，2351.17m

浅灰色细砂岩，较致密，块状构造

◀ 麻 14 井，838.4m

浅灰色细砂岩，块状构造，由下至上呈正粒序

▶ 龙岗 167 井，3569.02m

浅灰色粗砂岩，块状构造

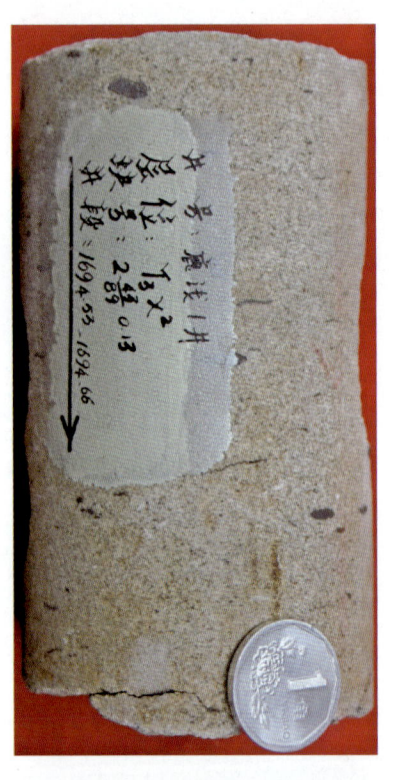

◀ 鹿浅 1 井，1694.53m

浅灰色含砾粗砂岩，块状构造，砾石成分为泥质，呈次圆状

▶ 青林 1 井，2884.5m

浅灰色粗砂岩，块状构造

◀ 中台 1 井，3667.51m

浅灰色粗砂岩，块状构造，裂缝发育，下部见少量次圆状岩屑

▶ 梓潼 3 井，3661.88m

浅灰色粗砂岩，块状构造

◀ 中台 1 井，3668.31m

浅灰色粗砂岩，块状构造，中部见少量棱角状泥砾，下部见条带状碳质撕裂屑

▶ 梓潼 3 井，3667.78m

浅灰色粗砂岩，块状构造

三、粉砂岩

◀ 广安102井，1900.17m

灰色粉砂岩，生物扰动发育段与不发育段相间，上部发育小型断层。生物扰动发育段颜色较浅，生物扰动相对不发育段颜色较深

▶ 广安102井，1900.32m

灰色粉砂岩，生物扰动发育段与不发育段相间，生物扰动发育段颜色较浅，生物扰动不发育段颜色较深

◀ 广安138井，2557.55m

灰黑色粉砂岩，沙纹交错层理，底部发育生物潜穴，潜穴与层面垂直

生物潜穴

▶ 广安102井，1900.60m

灰色粉砂岩，中间发育小型阶梯状断层，生物扰动发育段与不发育段相间，生物扰动发育段颜色较浅，生物扰动相对不发育段颜色较深

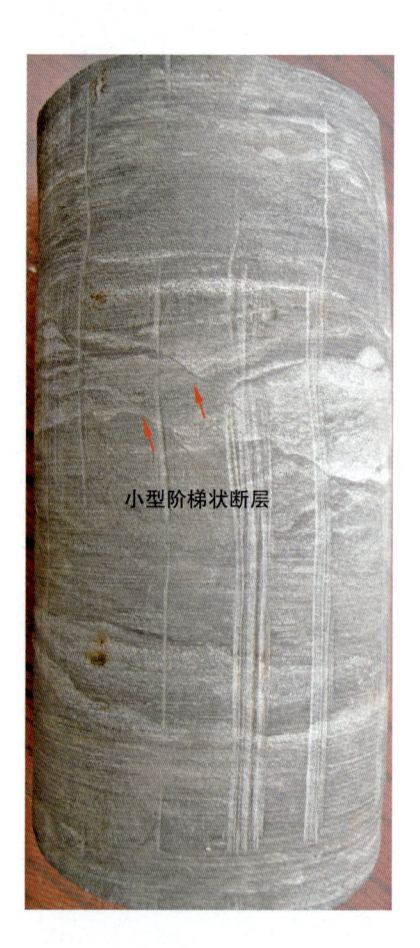

小型阶梯状断层

▲ 广安 102 井，2045.29m

灰色粉砂岩，生物扰动发育段与不发育段相间，生物扰动发育段颜色较浅，生物扰动相对不发育段颜色较深，中间夹有碳质条带

▲ 广安 102 井，1899.63m

灰色粉砂岩，生物扰动发育段与不发育段相间，生物扰动发育段颜色较浅，生物扰动不发育段颜色较深

▲ 广安 102 井，2251.13m

灰色粉砂岩，生物扰动发育段与不发育段相间。生物扰动发育段颜色较浅，生物扰动相对不发育段颜色较深

◀ 广安 138 井，2557.13m

上部为灰黑色泥质粉砂岩；下部为灰黑色泥质粉砂岩与粉砂质泥岩互层，粉砂岩中生物扰动强烈，见少量生物潜穴，潜穴由层面处穿入粉砂岩层中

▶ 广安 138 井，2557m

灰黑色粉砂岩，生物扰动强烈，发育少量生物潜穴，潜穴与层面垂直

生物潜穴

— 79 —

◀ 汉4井，3101.46m
灰黑色泥质粉砂岩与粉砂质泥岩互层，粉砂岩中生物扰动少量

▶ 包浅001-16井，1399.6m
浅灰色块状构造泥质粉砂岩

▲ 富探1井，3436.34m
灰黑色块状构造粉砂岩

▲ 富探1井，3435.8m
灰黑色块状构造泥质粉砂岩

▲ 富探1井，3436.14m
灰黑色块状构造粉砂岩，中间夹有泥质条带

◀ 富探1井，3436.57m
灰黑色块状构造粉砂岩，中间夹有条带状或斑点状黑色泥岩，生物扰动强烈

▶ 富探1井，3437m
灰黑色块状构造粉砂岩，下部见黑色粉砂质泥岩，生物扰动强烈

◀ 富探1井，3436.79m
灰黑色块状构造粉砂岩，顶部见有薄层状泥质条带，粉砂岩中生物扰动强烈

▶ 富探1井，3431.34m
灰黑色块状构造粉砂岩，见大量斑点状生物潜穴和条带状泥质条带，泥质条带与层面垂直，粉砂岩中生物扰动强烈

◀ 富探1井，3433.78m

灰黑色块状构造粉砂岩，中间夹有斑点状生物潜穴

▶ 富探1井，3432.03m

灰黑色块状构造粉砂岩，中间夹有条带状粉砂质泥岩，生物扰动强烈

◀ 富探1井，3432.23m

灰黑色块状构造粉砂岩，中间夹有条带状粉砂质泥岩。粉砂岩中生物扰动强烈，中间夹有斑点状生物潜穴

▶ 富探1井，3434.67m

灰黑色块状构造粉砂岩，中间夹有条带状粉砂质泥岩，生物扰动强烈

◀ 富探 1 井，3434.93m

灰黑色块状构造粉砂岩，中间夹有斑点状生物潜穴，生物扰动强烈

▶ 富探 1 井，3434.52m

灰黑色块状构造粉砂岩，中间夹有条带状粉砂质泥岩，生物扰动强烈

◀ 富探 1 井，3435.13m

下部为灰黑色块状构造泥质粉砂岩，生物扰动强烈；上部为灰黑色粉砂质泥岩，见少量斑点状生物潜穴。粉砂质泥岩与泥质粉砂岩界线模糊

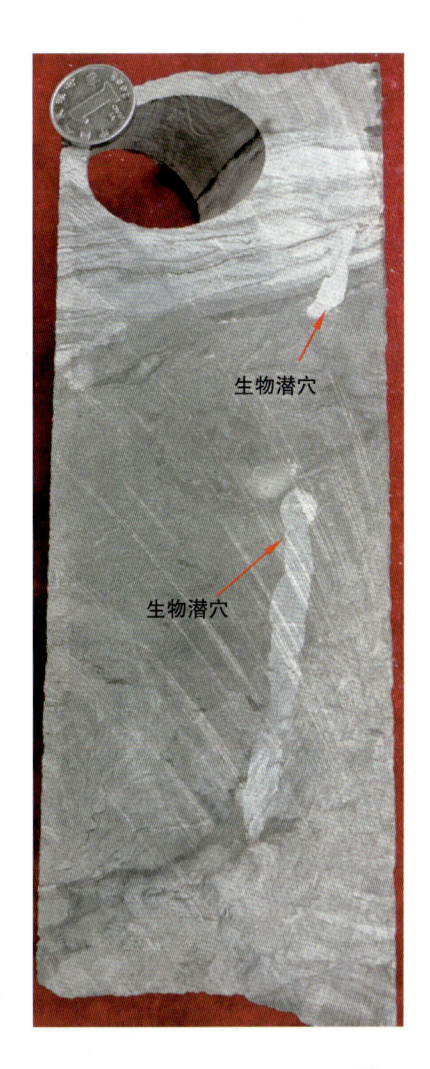

▶ 岳 12 井，2444.97m

灰色泥质粉砂岩，生物扰动强烈，岩心上见有生物潜穴构造

◀ 汉4井，3158.68m

灰黑色块状构造泥质粉砂岩

▶ 富探1井，3158.68m

灰黑色泥质粉砂岩，块状构造，中间夹有条带状粉砂质泥岩，见少量生物扰动

◀ 剑门104井，4399.16m

褐灰色灰质粉砂岩，含有灰质条带，块状构造

▶ 梓潼2井，3827.69m

灰黑色泥质粉砂岩，块状构造，中间夹有条带状粉砂质泥岩

◀ 文 6 井，3817m

灰黑色泥质粉砂岩，生物扰动构造发育

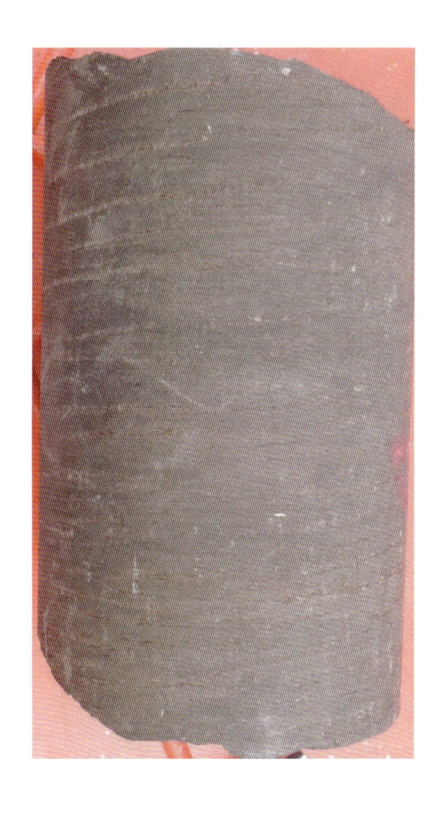

▶ 剑门 104 井，4406.09m

灰黑色泥质粉砂岩，块状构造，见少量生物扰动

◀ 岳 12 井，2400m

灰黑色泥质粉砂岩，生物扰动构造发育

▶ 龙岗 16 井，3549.85m

灰黑色泥质粉砂岩，脉状层理，见少量生物扰动

◀ 龙岗16井，3549.44m

灰色粉砂岩，见少量泥质条带，整体为块状构造

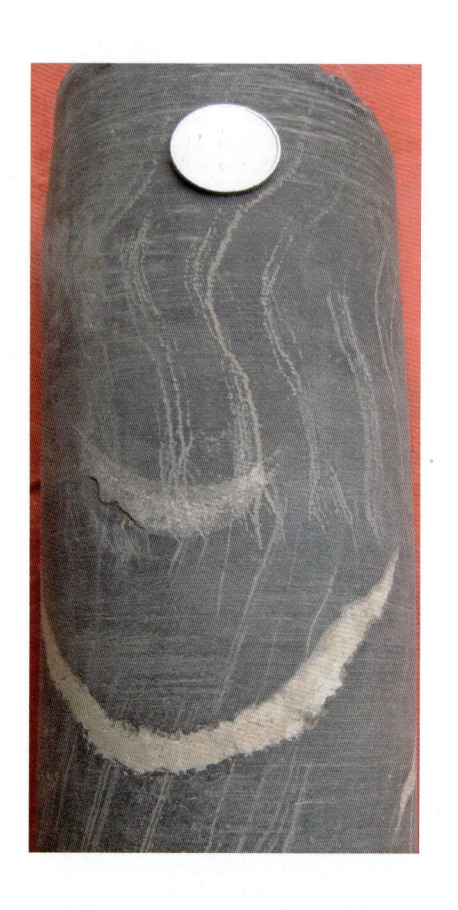

▶ 汉4井，3067.27m

灰黑色块状构造泥质粉砂岩，下部小型断层，石膏充填

◀ 龙岗61井，第52块岩心

上部为灰黑色泥质粉砂岩，下部为灰色粉砂岩，由下至上整体呈正粒序

▶ 岳12井，2661.43m

灰色粉砂岩，整体为块状构造，生物扰动强烈

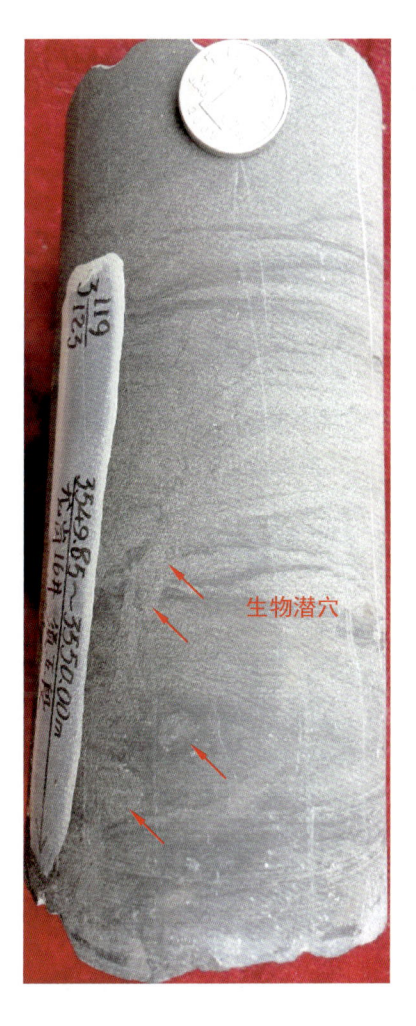

◀ 龙岗16井，3549.85m

灰色粉砂岩，见少量泥质条带，整体为块状构造，生物扰动强烈，见有大量生物潜穴和生物逃逸构造

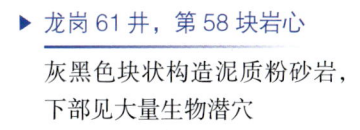

生物潜穴

▶ 龙岗61井，第58块岩心

灰黑色块状构造泥质粉砂岩，下部见大量生物潜穴

生物潜穴

◀ 龙女1井，2093.9m

灰黑色块状构造粉砂岩

▶ 龙岗163井，2336.57m

灰黑色块状构造粉砂岩，生物扰动强烈

◀ 蓬莱 7 井，3327.17m

上部为灰色粉砂质泥岩，块状构造；下部为浅色泥质粉砂岩，生物扰动强烈

▶ 蓬莱 7 井，3328.39m

灰黑色泥质粉砂岩，中间夹有薄层粉砂质泥岩。泥质粉砂岩中生物扰动强烈，见有少量生物逃逸构造

◀ 岳 12 井，2411.93m

褐灰色粉砂岩，块状构造

▶ 岳 12 井，2420.35m

褐灰色粉砂岩，块状构造，中部见少量生物扰动构造

四、泥岩

▲ 包浅001-11井,1629.05m

灰黑色泥岩,块状构造

▲ 富探1井,3437.69m

灰黑色泥岩,块状构造

▲ 包浅001-16井,1932.9~1941m

灰黑色泥岩、粉砂质泥岩,中间夹有薄层粉砂岩

▲ 富探1井,3437.53m

灰黑色泥岩,块状构造

▲ 富探1井,3438.26m

灰黑色泥岩,块状构造

◀ 富探1井，3436.16m

黑色块状构造泥岩

▶ 富探1井，3433.92m

黑色块状构造泥岩

◀ 富探1井，3432.67m

灰黑色块状构造泥岩

▶ 富探1井，3433.27m

上部为灰黑色块状构造泥岩，中下部发育灰黑色泥质粉砂岩，粉砂岩与泥岩呈渐变接触关系

◀ 富探 1 井，3430.39m
黑色块状构造泥岩

▶ 富探 1 井，3430.93m
上部为灰黑色块状构造泥质粉砂岩，下部为灰黑色块状构造泥岩

◀ 富探 1 井，3431.20m
黑色块状构造泥岩

▶ 富探 1 井，3430.15m
黑色块状构造泥岩

▲ 富探 1 井，3431.72m
黑色块状构造泥岩

▶ 剑门 105 井，4355.56m
灰黑色块状构造泥岩，中间夹有多层菱铁矿斑

▶ 广安 102 井，2383.74m
灰黑色块状构造泥岩

▲ 广安 102 井，2038.02m
黑色块状构造泥岩

▲ 广安106井，2360.35~2362.82m
　灰黑色泥岩，块状构造

▲ 广安109井，须五段
　灰黑色泥岩，块状构造

◀ 广安138井，2554.48m
　黑色块状构造泥岩

▶ 剑门105井，4131.17m
　灰黑色块状构造泥岩，中间发育少量裂缝，裂缝充填方解石

▶ 井25井，1431.7m
　灰黑色块状构造泥岩

▲ 剑门107井，第一次取心
黑色块状构造泥岩

▲ 剑门107井，第一次取心
黑色块状构造泥岩，中间夹有薄层泥质粉砂岩，见少量生物潜穴

▲ 剑门107井，第一次取心
黑色块状构造泥岩

◀ 龙 12 井，3583.50m
黑色块状构造泥岩

▶ 龙 12 井，3408 m
灰黑色块状构造泥岩

◀ 龙 14 井，3591m
黑色块状构造泥岩，层面上见植物茎叶片化石

▶ 龙 12 井，3398m
灰黑色块状构造泥岩

▲ 龙岗 61 井，第 45 块

黑色块状构造泥岩

▲ 龙岗 16 井，3548.45 m

灰黑色块状构造泥岩

▲ 龙 12 井，3470m

黑色块状构造泥岩

▲ 龙岗 16 井，3549.45 m

灰黑色块状构造泥岩

▲ 龙14井，3398m
黑色块状构造泥岩，层面上见植物茎叶片化石

▲ 龙岗61井，第83块岩心
黑色块状构造泥岩，层面上见植物茎叶片化石

▲ 麻14井，840.2m
灰黑色块状构造泥岩

▶ 龙岗168井，4196.3m
灰黑色块状构造泥岩

▶ 龙岗163井，2335.38m
灰黑色块状构造泥岩

▶ 龙岗163井，2337.27m
灰黑色块状构造泥岩，上部发育两条裂缝，其中一条被方解石全充填，另一条被碳质全充填

◀ 蓬莱 7 井，3323.36m

黑色块状构造泥岩，上部见碳质条带

▶ 龙岗 163 井，2354.46m

黑色块状构造泥岩，见透镜状粉砂质层

◀ 蓬莱 7 井，3323.74m

灰黑色块状构造泥岩

▶ 蓬莱 7 井，3323.89m

灰黑色碳质泥岩，块状构造

◀ 营山 3 井，2655.89m

灰黑色泥岩，块状构造

- 99 -

◀ 蓬莱 7 井，3325.76m
黑色块状构造泥岩

◀ 蓬莱 7 井，3326.04m
黑色块状构造泥岩

▶ 蓬莱 7 井，3326.25m
黑色块状构造泥岩

◀ 蓬莱 7 井，3332.33m
黑色块状构造泥岩，见少量生物潜穴构造

▶ 苏码 1 井，4145.17m
黑色块状构造泥岩

▶ 威远黄石板剖面，小塘子组
黑色块状构造泥岩

▲ 蓬莱 8 井，2414.82m
黑色块状构造粉砂质泥岩

▶ 柘 6 井，4216.5m
黑色块状构造泥岩

▲ 文6井，4162.3m
黑色块状构造泥岩

▲ 义新4井，3799m
黑色块状构造泥岩

▲ 梓潼3井，3672.54m
黑色块状构造泥岩

▲ 岳9井，2234.2m
黑色块状构造泥岩

▲ 岳9井，2241.3m
黑色块状构造泥岩

▲ 梓潼2井，3816.73m
黑色块状构造泥岩

五、碳酸盐岩

▲ 高家1井，马鞍塘组

生屑内碎屑泥粒岩

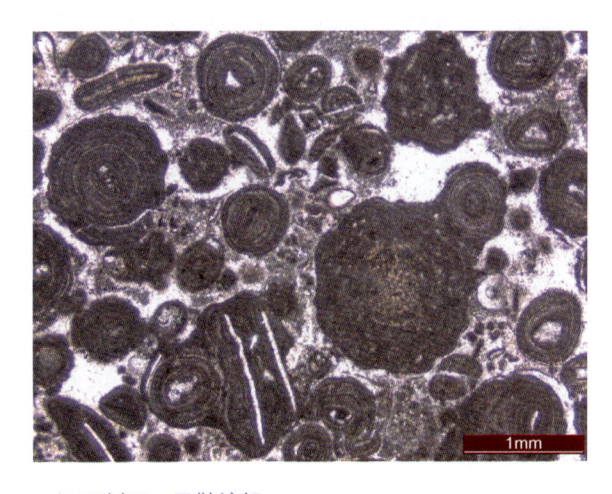

▲ 汉旺剖面，马鞍塘组

藻灰结核颗粒岩，局部见微裂缝发育

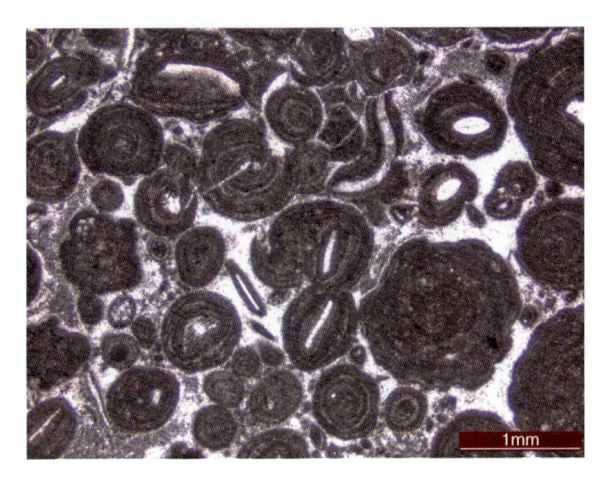

▲ 汉旺剖面，马鞍塘组

藻灰结核颗粒岩，大小混杂，亮晶胶结

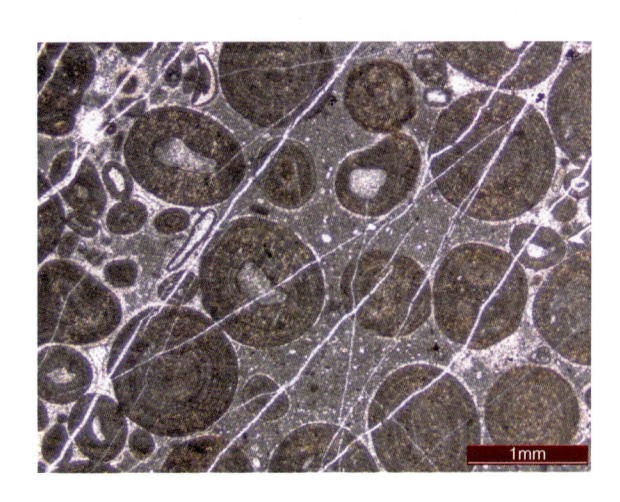

▲ 睢水剖面，马鞍塘组

同心鲕颗粒岩

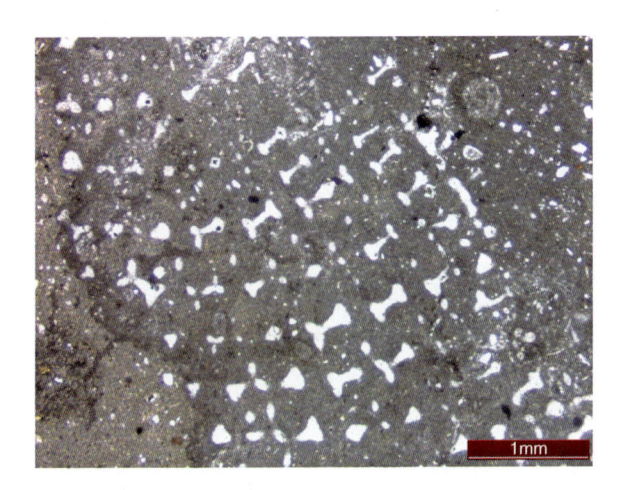

▲ 睢水剖面，马鞍塘组

海绵格架石灰岩，垂直格架切面

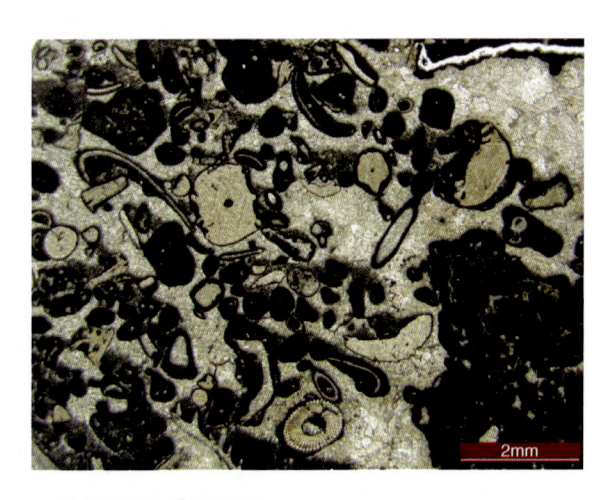

▲ 睢水剖面，马鞍塘组

含藻屑的生屑颗粒岩

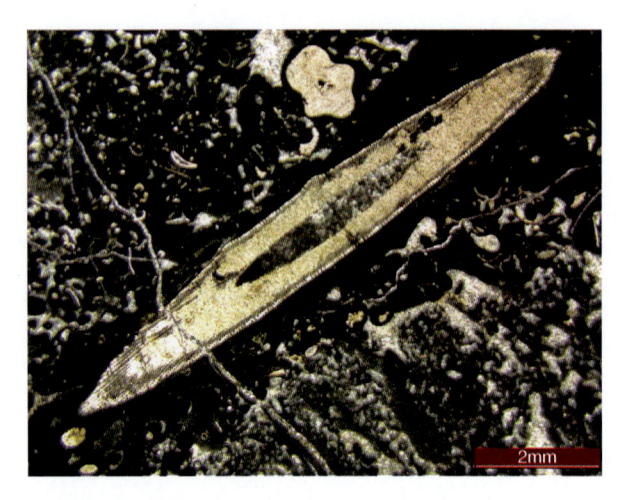

▲ 高家1井，马鞍塘组
生屑粒泥岩

▲ 马鞍塘剖面，马鞍塘组
藻灰结核泥粒岩

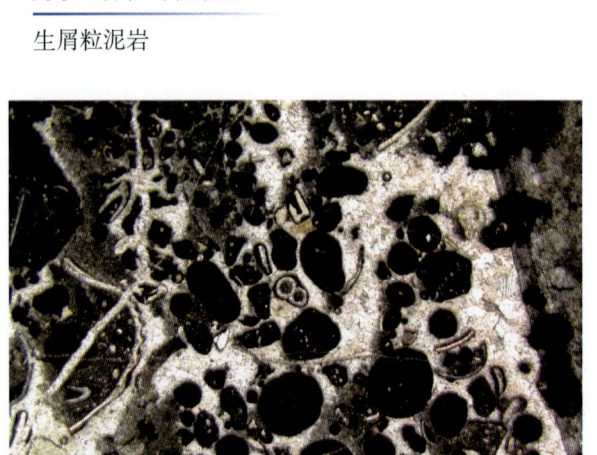

▲ 马鞍塘车站剖面，马鞍塘组
含砂屑及似球粒的鲕粒生屑泥粒岩

▲ 汉旺剖面，马鞍塘组
含藻屑的海百合屑颗粒岩

▲ 雎水剖面，马鞍塘组
海绵骨针粒泥岩，发育少量双壳类化石

▲ 雎水剖面，马鞍塘组
生屑凝块石泥粒岩

▲ 雎水剖面，马鞍塘组
海绵骨针粒泥岩，多顺层排列

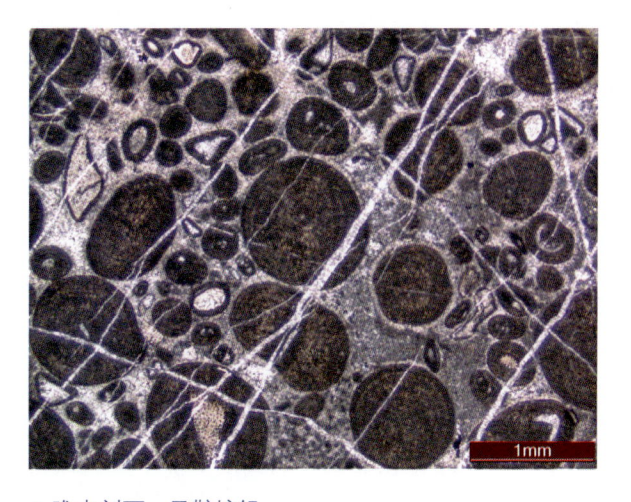

▲ 雎水剖面，马鞍塘组
同心鲕颗粒岩，微裂缝发育

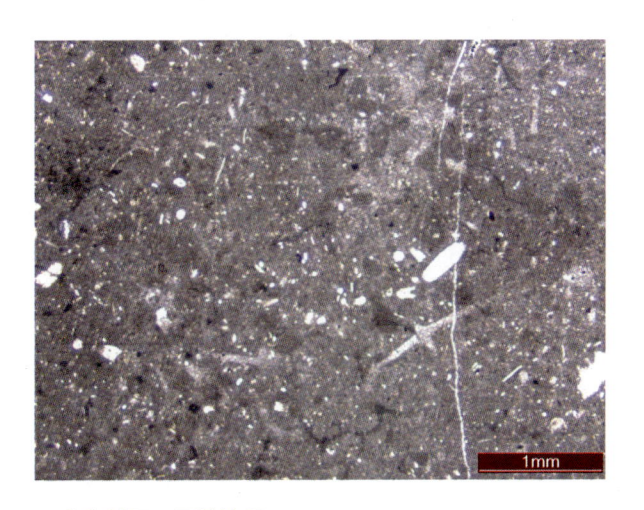

▲ 雎水剖面，马鞍塘组
海绵骨针粒泥岩，顺层排列，发育少量微裂缝

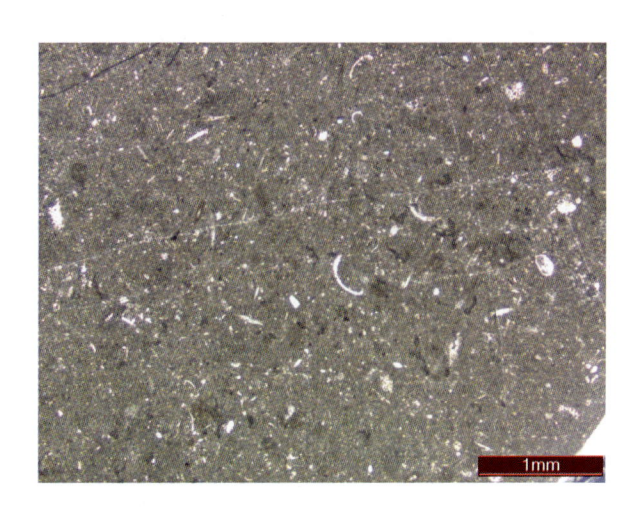

▲ 雎水剖面，马鞍塘组
海绵骨针粒泥岩，发育双壳类化石，大小均一

▲ 雎水剖面，马鞍塘组
同心鲕颗粒岩

▲ 安县雎水剖面，马鞍塘组
生物碎屑灰岩，含有较大型的双壳类化石

第二节 沉积构造

一、冲刷—充填构造

▲ 川南威远黄石板剖面，须家河组

冲刷—充填构造，冲刷面为岩性突变面，界面之下为灰黑色泥岩，界面之上为浅灰色楔状交错层理中砂岩

▲ 川南威远黄石板剖面，须家河组

冲刷—充填构造，界面为岩性突变面，之上呈正粒序

▲ 广元须家河剖面，小塘子组

冲刷—充填构造，界面为岩性突变面，界面之上发育砾岩，正粒序

▲ 川南威远黄石板剖面,须家河组须六段

　　冲刷—充填构造,底界面为突变面,界面之下为泥岩,界面之上为粗砂岩,呈现多期河道相互叠置

▲ 川南威远黄石板剖面,须家河组须六段

　　冲刷—充填构造,底界面为突变接触,界面之下为泥岩,界面之上为粗砂岩,多期河道相互叠置

▲ 川南古宋县红桥镇剖面，须家河组须四段

　　冲刷—充填构造，底界面为突变面，界面之下为泥岩，界面之上为槽状交错层理粗砂岩，呈现多期河道相互叠置

▲ 川南宜宾大观镇剖面，须家河组

　　冲刷—充填构造，底界面为突变接触，界面之下见黑色条带状碳质层，界面之上为粗砂岩

▲ 广元须家河剖面，小塘子组
　　冲刷—充填构造，界面之上呈正粒序

▲ 广元须家河剖面，须家河组
　　冲刷—充填构造，界面之上发育槽状交错层理

▲ 广元须家河剖面，须家河组须二段
　　冲刷—充填构造，界面之上呈正粒序

▲ 广元须家河剖面，须家河组
　　冲刷—充填构造，界面之上呈正粒序

▲ 川南家宾大观镇剖面，须家河组
　　冲刷—充填构造，底界面为突变接触，界面之下为泥岩，界面之上为粗砂岩

▲ 莲深 102 井，2713.32m
浅灰色含砾粗砂岩，顶部见冲刷—充填构造，下部发育槽状交错层理

▲ 龙 17 井，3300.18m
冲刷—充填构造

▲ 龙 17 井，3299.97m
冲刷—充填构造

▲ 威远黄石板剖面，小塘子组
冲刷—充填构造

▲ 威远黄石板剖面，小塘子组
冲刷—充填构造

二、槽状交错层理

▲ 川南永川铜梁剖面，须家河组
槽状交错层理，不同层组之间相互叠覆

▲ 川南永川铜梁剖面，须家河组
槽状交错层理，浅灰色中砂岩—粗砂岩

▲ 川南永川铜梁剖面，须家河组
槽状交错层理，纹层界面与层系界面相切

▲ 包浅001-16井，1518.1m
槽状交错层理，浅灰色中砂岩—粗砂岩

▲ 莲花000-1井，3291.61m
槽状交错层理，浅灰色中砂岩—粗砂岩

▲ 川南古宋县红桥镇剖面，须家河组
槽状交错层理，浅灰色中砂岩—粗砂岩

▲ 莲花000-1井，3290.50m
槽状交错层理，浅灰色中砂岩—粗砂岩

▲ 莲花000-1井，3290.94m
槽状交错层理，浅灰色中砂岩—粗砂岩

- 113 -

▲ 莲花 000-1 井，3293.44m
槽状交错层理，浅灰色中砂岩—粗砂岩

▲ 莲花 000-1 井，3302.48m
槽状交错层理，浅灰色中砂岩—粗砂岩

▲ 莲花 000-1 井，3301.00m
槽状交错层理，浅灰色中砂岩—粗砂岩

▲ 莲花 000-1 井，3302.88m
槽状交错层理，浅灰色中砂岩—粗砂岩

▲ 鹿浅1井，1706.7m
槽状交错层理粗砂岩

▲ 龙岗176井，3198.89m
槽状交错层理粗砂岩

▲ 通9井，2319.5m
槽状交错层理粗砂岩

▲ 通9井，2300.2m
槽状交错层理粗砂岩

▲ 威远黄石板剖面，须家河组
槽状交错层理粗砂岩

三、平行层理

▲ 川南威远黄石板剖面，小塘子组
平行层理，浅灰色细砂岩

▲ 广安 15 井，1648.84m
平行层理，粗砂岩

▲ 广安 110 井，2043.21m
平行层理

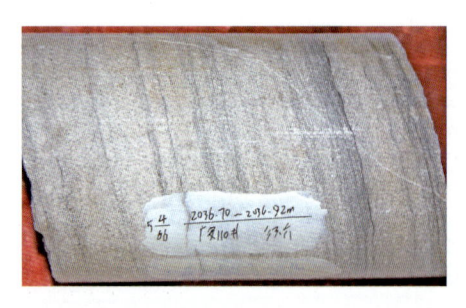

◀ 广安 110 井，2036.70m
平行层理，粗砂岩

▶ 广安 110 井，2012.42m
平行层理

▲ 广安106井，2333.43m

平行层理，粗砂岩

▲ 广安15井，1613.72m

平行层理，粗砂岩

▲ 包浅001-16井，1680.57m

平行层理，细砂岩

▲ 邛西1井，4183.72m

平行层理，浅灰色粗砂岩

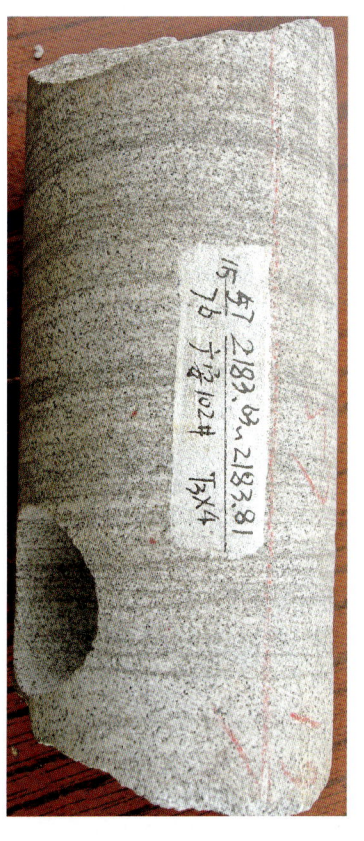

▲ 广安102井，2183.63m

平行层理，粗砂岩

▲ 张家1井，3998.09m

平行层理，粗砂岩

▲ 柘2井，4202.5m
平行层理，浅灰色粗砂岩

▲ 莲深1井，2698.15m
平行层理，浅灰色粗砂岩

▲ 汉北1井，3299.75m
平行层理，浅灰色粗砂岩

▲ 广安101井，2249.98m
平行层理，浅灰色粗砂岩

▲ 莲深1井，2（8/106）块
平行层理，浅灰色粗砂岩

▲ 汉北1井，3299.53m
平行层理，浅灰色粗砂岩

四、楔状交错层理

▲ 川南永川铜梁剖面,须家河组
楔状交错层理中砂岩,沿纹层界面发生风化

▲ 川南永川铜梁剖面,须家河组
楔状交错层理中砂岩,相邻层系纹层倾向一致

▲ 川南永川铜梁剖面，须家河组须六段
楔状交错层理中砂岩，层系界面风化相对严重

▲ 川南永川铜梁剖面，须家河组须六段
楔状交错层理中砂岩，纹层和层系界面清晰

▲ 川南永川铜梁剖面，须家河组
楔状交错层理，灰色粗砂岩、砂砾岩

▲ 川南铜梁鱼石—围龙剖面，须家河组
楔状交错层理，灰色粗砂岩、砂砾岩

▲ 川南铜梁鱼石—围龙剖面，须家河组
楔状交错层理，灰色粗砂岩、砂砾岩

▲ 董15井，2327.9m
楔状交错层理，灰色中砂岩

▲ 川南古宋县红桥镇剖面，须家河组
楔状交错层理，灰色粗砂岩、砂砾岩

▲ 广元须家河剖面
楔状交错层理，灰色细砂岩

▲ 龙岗61井，4295.02m
楔状交错层理，灰色细砂岩

◀ 包36井，2065m
楔状交错层理，细砂岩

▶ 包36井，2145.49m
楔状交错层理，细砂岩

◀ 包浅001-16井，1518.1m
楔状交错层理，细砂岩

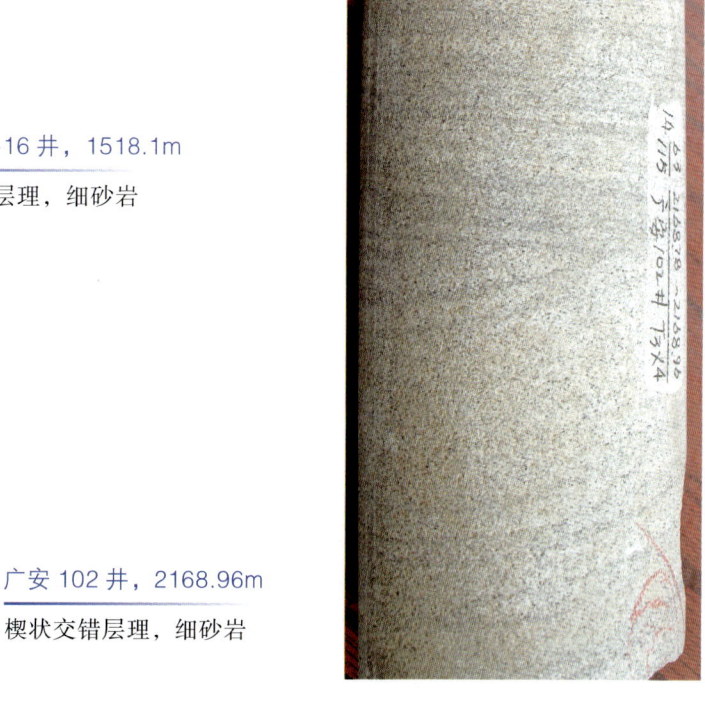

▶ 广安102井，2168.96m
楔状交错层理，细砂岩

◀ 广安106井，2337.34m

上部为楔状交错层理粗砂岩；下部为含砾粗砂岩，正粒序层理，砾石成分有岩屑、燧石等

◀ 广安106井，2020.67m

上部为楔状交错层理粗砂岩；下部为平行层理粗砂岩

▶ 广安109井，2071.81m

楔状交错层理，细砂岩

▶ 磨53井，2114m

楔状交错层理，细砂岩

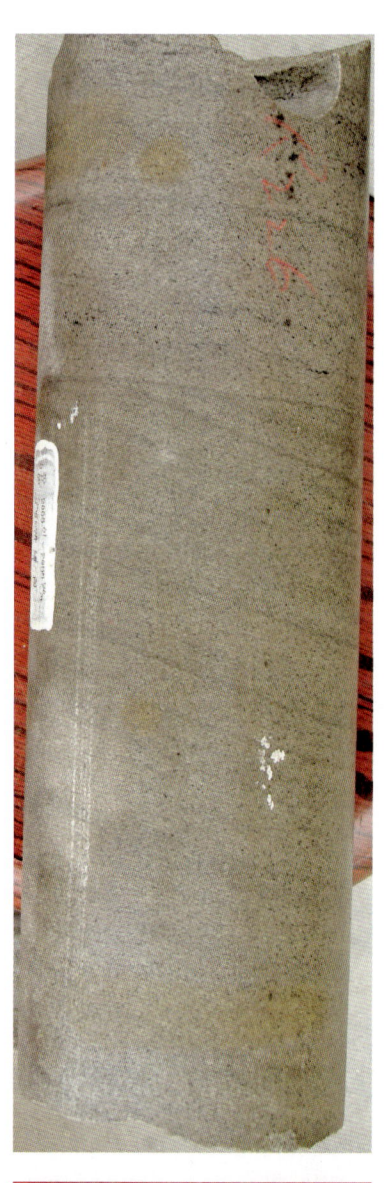

◀ 广安109井，2088.96m
楔状交错层理粗砂岩

▶ 广安110井，2041.45m
楔状交错层理，细砂岩

◀ 广安113井，2367.66m
楔状交错层理粗砂岩

▶ 莲深102井，2721.37m
楔状交错层理，细砂岩

◀ 剑门 104 井，4559.31m
楔状交错层理，褐灰色中砂岩

◀ 莲深 101 井，2812.26m
楔状交错层理，中砂岩

▲ 剑门 104 井，4543.74m
楔状交错层理，褐灰色中砂岩

▶ 岳12井，2463m
楔状交错层理，褐灰色中砂岩

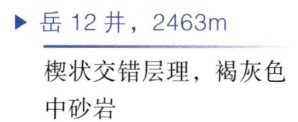

▶ 莲深102井，2690.66m
楔状交错层理，褐灰色中砂岩

▲ 莲深102井，2690.94m
楔状交错层理，褐灰色中砂岩

▲ 广元杨家岩剖面，小塘子组
　　大型楔状交错层理中砂岩，纹层和层系界面清晰

▲ 广元杨家岩剖面，小塘子组
　　大型楔状交错层理中砂岩，纹层和层系界面相对不清晰

▶ 龙12井，3418m

楔状交错层理，褐灰色中砂岩

▶ 岳2井，2116.6m

楔状交错层理，褐灰色中砂岩

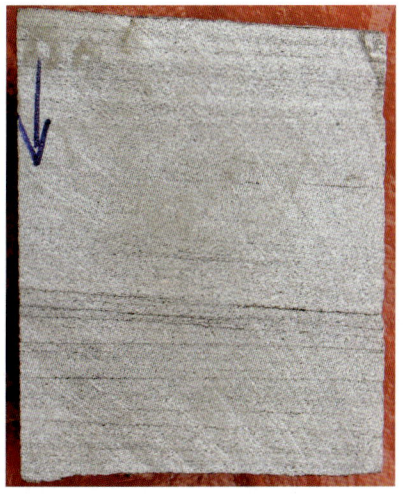

▲ 龙12井，3426m

楔状交错层理，褐灰色中砂岩

◀ 龙岗16井，3526.34m
楔状交错层理，褐灰色粗砂岩

▶ 磨76井，1958.3m
楔状交错层理，褐灰色中砂岩

◀ 龙岗61井，4292.95m
楔状交错层理，褐灰色粗砂岩

▶ 龙岗168井，4328.16m
楔状交错层理，褐灰色中砂岩

▶ 广安101井，2020.98m
楔状交错层理，褐灰色中砂岩

◀ 柘2井，4192.5m

楔状交错层理，褐灰色粗砂岩

▶ 广安101井，2239.43m

楔状交错层理，褐灰色中砂岩

◀ 广安101井，2057.89m

楔状交错层理，褐灰色粗砂岩

▶ 广安101井，2246.80m

楔状交错层理，褐灰色粗砂岩

五、砂泥薄互层层理

▲ 川南永川铜梁剖面，须家河组
砂泥薄互层层理，由下至上，泥岩厚度减薄，砂岩厚度增大，整体呈反粒序

▲ 川南威远黄石板剖面，须家河组
砂泥薄互层层理，由下至上，泥岩厚度减薄，砂岩厚度增大，整体呈反粒序

▲ 广安 102 井，1893.92m
顶部为沙纹交错层理，中下部为平行层理中砂岩，发育小型错断

▲ 蓬莱 7 井，3324.25m
灰黑色泥质粉砂岩与粉砂质泥岩薄互层，生物扰动强烈

▲ 蓬莱 7 井，3326.80m
灰黑色泥质粉砂岩与粉砂质泥岩薄互层，泥质粉砂岩生物扰动强烈

▲ 川南古宋县红桥镇剖面，须家河组
砂泥薄互层层理，灰黑色泥岩与浅灰色细砂岩互层

六、生物成因构造

◀ 安居1井，2014.5m

垂直潜穴 Skolithos 和水平潜穴 Planolites，垂直潜穴由层界面处向下伸展，形态平直或微弯曲，水平潜穴呈白色斑点状

▶ 安居1井，2102.4m

水平潜穴 Planolites 和逃逸构造，水平潜穴主要发育于灰黑色泥质条带中，呈白色斑点状，逃逸构造分布于砂泥岩薄互层中，与层面垂直状分布，内部可见"V"字形逃逸痕迹

◀ 安居1井，2101.2m

生物逃逸构造，与层面垂直状分布，内部可见"V"字形逃逸痕迹

▶ 安居1井，2102.24m

生物逃逸构造，与层面垂直状分布，内部可见"V"字形逃逸痕迹

▲ 广元杨家岩，小塘子组

　　垂直生物潜穴，有纵向抓痕，与层面高度倾斜

▲ 广安138井，2550.4m

　　灰色块状层理粗砂岩，砂岩中部见冲刷—充填构造，充填面不平整，上下岩性呈截然接触

▲ 广元杨家岩，小塘子组

　　垂直生物潜穴，有纵向抓痕，与层面垂直

◀ 安居1井，2014.5m

强生物扰动和逃逸构造，灰白色细砂岩中受到完全生物扰动，扰动指数为5级，局部见生物扰动构造，黑色泥岩中生物扰动相对较弱

▶ 安居1井，2271.1m

生物逃逸构造，个别完全切穿整个岩心段

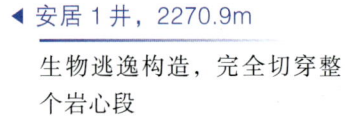

◀ 安居1井，2270.9m

生物逃逸构造，完全切穿整个岩心段

▶ 包浅001-16井，1799.92m

垂直生物潜穴，潜穴内充填粉砂质，无衬壁

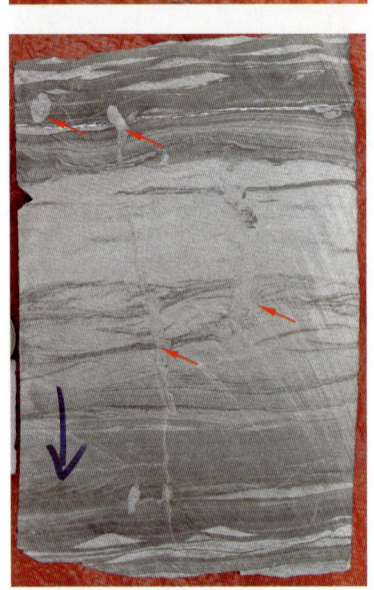

◀ 包浅001-16井，1800m

生物逃逸构造和垂直潜穴，生物逃逸构造个体较大，切穿整个岩心段中部。岩心发育透镜状层理和波状层理

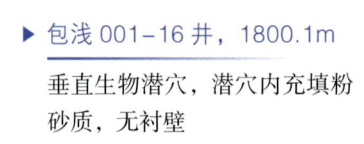

▶ 包浅001-16井，1800.1m

垂直生物潜穴，潜穴内充填粉砂质，无衬壁

◀ 包浅 001-16 井，1801.75m

强生物扰动构造，灰白色粉砂岩呈现均质化，局部见斑点状生物扰动

◀ 包浅 001-16 井，1823.11m

垂直生物潜穴，灰色泥质粉砂岩，局部见斑点状生物扰动

▶ 汉 4 井，3101.46m

灰黑色泥质粉砂岩，发育生物潜穴 *Ophiomorpha*，具有薄层衬壁，与层面垂直

◀ 包浅 001-16 井，1825.16m

Ophiomorpha 生物潜穴，潜穴内充填粉砂质，灰色泥质粉砂岩

◀ 包浅 001-16 井，1825.3m

垂直生物潜穴，潜穴内充填粉砂质，灰色泥质粉砂岩

▶ 广安 102 井，1911.18m

上部为灰黑色粉砂质泥岩，生物扰动相对较弱，下部为灰色泥质粉砂岩，生物扰动强烈，几乎均质化

— 137 —

▲ 广元杨家岩，小塘子组
　生物潜穴，与层面垂直或高角度倾斜，或沿层面分布，潜穴上发育水平方向抓痕

▲ 广元杨家岩，小塘子组
　生物潜穴，丛状，与层面垂直，潜穴内充填粉砂质

▲ 广元杨家岩，小塘子组

生物潜穴，潜穴个体较大，与层面高角度倾斜，潜穴壁光滑

▲ 女107井，2086m
水平生物潜穴 Planolites

▲ 女107井，2080.1m
垂直生物潜穴 Skolithos

▲ 女107井，2080m
垂直生物潜穴 Skolithos

◀ 女107井，2085m

强生物扰动构造，灰白色粉砂岩呈现均质化，中部发育垂直潜穴 *Skolithos*

▶ 龙女1井，2093.9m

灰黑色泥质粉砂岩，发育生物潜穴 *Ophiomorpha*，具有薄层衬壁，与层面垂直

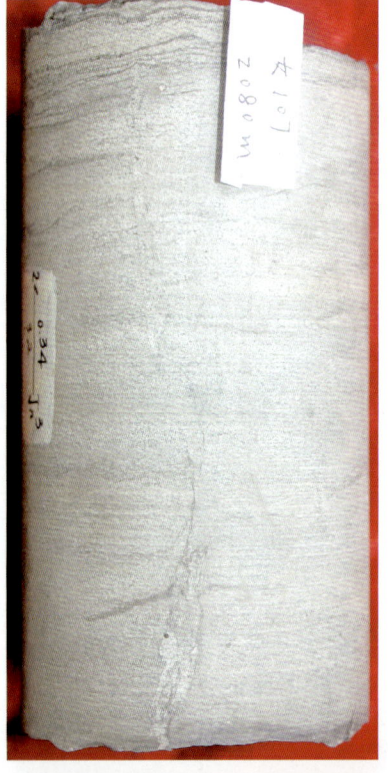

◀ 女107井，2080m

浅灰色粉砂岩，中间发育生物逃逸构造

▶ 蓬莱7井，3324.92m

灰黑色块状层理泥岩，发育生物潜穴 *Skolithos*

▶ 音36井，2455.70m

灰黑色块状层理泥岩，发育生物潜穴 *Skolithos*

◀ 女107井，2088m

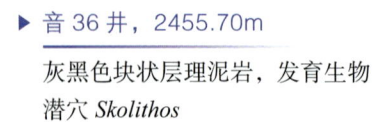

浅灰色粉砂岩，发育垂直生物潜穴 *Skolithos*

◀ 潼1井，2202.7m

灰色泥质粉砂岩，生物潜穴构造和生物扰动发育

▶ 兵12井，2658.15m

灰色泥质粉砂岩，强生物扰动构造，几乎均质化

◀ 瓦6井，1188.26m

灰色粉砂岩，层面上发育大量生物潜穴

▶ 音36井，2456.79m

灰黑色块状层理泥岩，发育生物潜穴 *Skolithos*

◀ 瓦6井，1189.02m

灰色粉砂岩，生物逃逸构造发育

▶ 音36井，2455.38m

灰黑色块状层理泥岩，发育生物潜穴 *Skolithos*

七、沙纹交错层理

◀ 包36井，2035m

沙纹交错层理，细砂岩

▶ 包浅001-16井，1507.2m

沙纹交错层理，细砂岩

◀ 包浅001-16井，1396.5m

沙纹交错层理，细砂岩

▶ 包浅001-16井，1799.92m

顶部灰色泥质粉砂岩发育沙纹交错层理，下部细砂岩发育块状层理

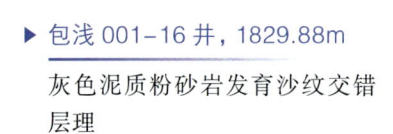

▶ 包浅001-16井，1829.88m

灰色泥质粉砂岩发育沙纹交错层理

◀ 包浅001-16井，1480.1m

沙纹交错层理，细砂岩

▶ 广安109井，2068.83m

灰色泥质粉砂岩发育沙纹交错层理

◀ 营 24 井，2849.8m

灰色细砂岩，发育沙纹交错层理

▶ 女 107 井，2151.5m

沙纹交错层理，细砂岩

◀ 蓬莱 8 井，2403.13m

中上部为灰色粉砂岩夹薄层泥质粉砂岩，生物扰动强烈；下部为沙纹交错层理粉砂岩，生物扰动相对较弱

▶ 女 107 井，2153m

沙纹交错层理，粉砂岩

◀ 营 24 井，2849.3m

沙纹交错层理，粉砂岩

- 143 -

◀ 中73井，2245m

灰色细砂岩，发育沙纹交错层理

▶ 岳12井，2415.22m

上部为沙纹交错层理粉砂岩；下部为泥质粉砂岩与粉砂岩薄互层层理

◀ 岳2井，1789.5m

灰色细砂岩，发育沙纹交错层理

▶ 柘2井，4475m

灰色细砂岩，发育沙纹交错层理

八、反粒序层理

◀ 剑门 107 井，第 1 次取心

上部为浅灰色中砂岩，下部为深灰色粉砂岩，整体构成反粒序

▶ 剑门 104 井，4410.95m

上部为细砂岩，下部为粉砂岩，整体构成反粒序层理

▲ 包 36 井，2058m

反粒序层理，细砂岩

▲ 包 36 井，2108.98~2111.5m

上部 2m 为块状层理细砂岩，下部 1m 为反粒序层理泥质粉砂岩—细砂岩

▲ 广元须家河剖面，小塘子组
粉砂岩与泥岩互层沉积，由下至上泥质含量减少，砂质含量增加，单层厚度增大，构成反粒序

▲ 广元须家河剖面，小塘子组
整体由泥岩构成，向上粉砂质含量增加，单层厚度增大，构成反粒序

▲ 广元杨家岩剖面，小塘子组
　　整体由砂岩构成，发育板状交错层理，由下至上粒度由细砂岩过渡为粗砂岩，构成反粒序

▲ 广元杨家岩剖面，小塘子组
　　整体由粉砂岩构成，由下至上泥质含量减少，砂质含量增加，单层厚度增大，构成反粒序

◀ 金31井，3302m

上部为浅灰色中砂岩，下部为灰色粉砂岩，整体构成反粒序

◀ 包36井，2057.8m

上部为中砂岩，下部为细砂岩，整体构成反粒序

▶ 女101井，2149m

上部为细砂岩，下部为粉砂岩，整体构成反粒序层理

九、包卷层理

▶ 广安 102 井，2216.40m

上部为振动液化砂岩脉，下部为块状层理粗砂岩

◀ 包 36 井，2110.78m

包卷层理，灰黑色泥岩，中间夹有浅灰色粉砂岩

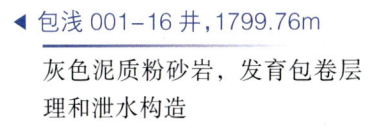

◀ 包浅 001-16 井，1799.76m

灰色泥质粉砂岩，发育包卷层理和泄水构造

◀ 蓬莱 7 井，3329.81m

灰色粉砂质泥岩，发育小型包卷层理

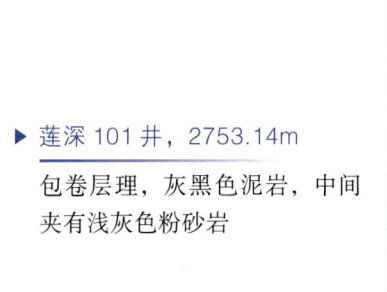

▶ 莲深 101 井，2753.14m

包卷层理，灰黑色泥岩，中间夹有浅灰色粉砂岩

◀ 女101井，2260.5m

包卷层理，灰黑色泥岩，中间夹有浅灰色粉砂岩

▶ 磨53井，2182.1m

灰色泥质粉砂岩，发育包卷层理和泄水构造

◀ 潼南102井，2232.02m

包卷层理，灰色泥质粉砂岩，中间夹有灰黑色泥岩

▶ 平落1井，3506m

灰色泥质粉砂岩，发育包卷层理和泄水构造

▶ 女107井，2152m

包卷层理，灰色泥质粉砂岩，中间夹有灰黑色泥岩，发育少量生物潜穴

▼ 岳9井，2234m
灰色泥质粉砂岩，发育透镜状层理、包卷层理和泄水构造

▲ 岳9井，2233.7m
灰黑色泥岩与粉砂岩互层，发育包卷层理、透镜状层理和泄水构造

十、脉状层理、波状层理、透镜状层理

▶ 包浅 001-16 井，1823.46m
上部为波状层理，下部发育包卷层理，局部见生物扰动构造，浅灰色粉砂岩

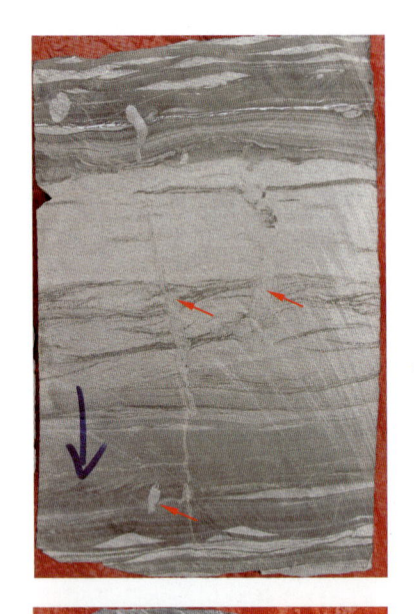

◀ 包浅 001-16 井，1800m
脉状层理、波状层理和透镜状层理，灰黑色泥质粉砂岩与粉砂质泥岩互层，发育生物逃逸构造和垂直潜穴

▶ 董 15 井，2301.93m
上部为块状层理泥岩，下部发育波状交错层理粉砂岩

◀ 包浅 001-16 井，1800.71m
脉状层理、波状层理和透镜状层理，灰黑色泥质粉砂岩与粉砂质泥岩互层，发育生物逃逸构造

▶ 董 15 井，2302.02m
波状交错层理粉砂岩

▶ 董 15 井，2304.57m
波状交错层理粉砂岩

◀ 董 15 井，2300.61m
波状层理，灰黑色泥质粉砂岩与粉砂质泥岩互层

- 152 -

◀ 董15井，2307.46m

波状层理，灰黑色泥质粉砂岩与粉砂质泥岩互层

▶ 广安102井，1973.23m

波状层理，浅灰色粉砂岩

◀ 董15井，2303.35m

下部为透镜状层理粉砂质泥岩，中上部为波状层理粉砂质泥岩

▶ 广安102井，2229.77m

波状层理，浅灰色粉砂岩

◀ 董15井，2304.65m

波状层理，灰黑色泥质粉砂岩与粉砂质泥岩互层

▶ 广元须家河剖面，须二段

脉状层理，浅灰色粉砂岩

◀ 剑门104井，4444.99m
灰黑色泥质粉砂岩与粉砂质泥岩互层。发育波状层理和沙纹交错层理，局部发育生物潜穴和生物扰动构造

▶ 剑门104井，4527.99m
波状层理浅灰色粉砂岩，发育少量生物潜穴

▲ 剑门107井，第1次取心
波状层理和透镜状层理浅灰色粉砂岩与灰黑色泥岩互层，发育少量生物潜穴

▲ 广安109井，2024.49m
波状层理、沙纹交错层理粉砂岩

▲ 广安109井，2067.66m
波状层理、透镜状层理浅灰色粉砂岩与灰黑色粉砂质泥岩互层

▲ 广元须家河剖面，小塘子组
波状交错层理

▲ 广元须家河剖面，小塘子组
波状交错层理，局部见生物扰动构造

▲ 广元须家河剖面，小塘子组
波状交错层理，纹层界面清晰，颜色存在明显变化

- 155 -

◀ 金31井，3170.0m

波状层理，中部发育小型泄水构造

▶ 莲花000-1井，3293.64m

脉状层理细砂岩

◀ 龙12井，3582.50m

上部为波状层理泥质粉砂岩，发育小型泄水构造；下部为块状层理灰黑色泥岩

◀ 龙岗61井，第71块岩心

灰色泥质粉砂岩与灰黑色粉砂质泥岩互层，发育波状层理、沙纹交错层理

▶ 莲花000-1井，3293.9m

波状交错层理细砂岩

◀ 龙12井，3395m

灰黑色泥质粉砂岩，发育波状层理，生物扰动强烈，中下部发育少量生物潜穴

▶ 龙14井，3398m

灰色泥质粉砂岩与灰黑色粉砂质泥岩互层，波状层理、生物扰动构造发育

◀ 龙14井，3398m

灰黑色泥质粉砂岩与粉砂质泥岩互层，发育沙纹交错层理和少量生物潜穴

▶ 蓬莱7井，3330.77m

灰色泥质粉砂岩与灰黑色粉砂质泥岩互层，发育波状层理和透镜状层理

◀ 龙14井，3398m

灰黑色泥质粉砂岩，发育脉状层理、波状层理和少量生物扰动

▶ 龙岗61井，第81块岩心

灰黑色粉砂质泥岩，发育透镜状层理，见少量生物扰动构造

▶ 庙3井，2365.3m

灰色泥质粉砂岩，发育波状层理和沙纹交错层理，泥质条带呈连续状或断续状

◀ 蓬莱8井，2403.21m

灰色泥质粉砂岩，发育透镜状层理

▶ 庙3井，2365.3m

灰色泥质粉砂岩，发育波状层理和沙纹交错层理，下部可见滑塌变形构造

◀ 磨53井，2180.8m
灰黑色泥质粉砂岩，发育波状层理和生物逃逸构造

▶ 女101井，2260.8m
灰黑色泥质粉砂岩，发育波状层理、透镜状层理，见少量生物扰动构造

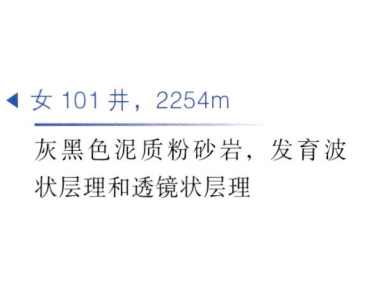

◀ 女101井，2254m
灰黑色泥质粉砂岩，发育波状层理和透镜状层理

◀ 龙岗61井，第71块岩心
灰色泥质粉砂岩与灰黑色粉砂质泥岩互层，发育波状层理、沙纹交错层理

▶ 蓬莱7井，3326.69m
灰黑色泥岩，发育透镜状层理，见少量生物潜穴构造

— 159 —

◀ 潼1井，2181.6m

灰色细砂岩，发育波状层理

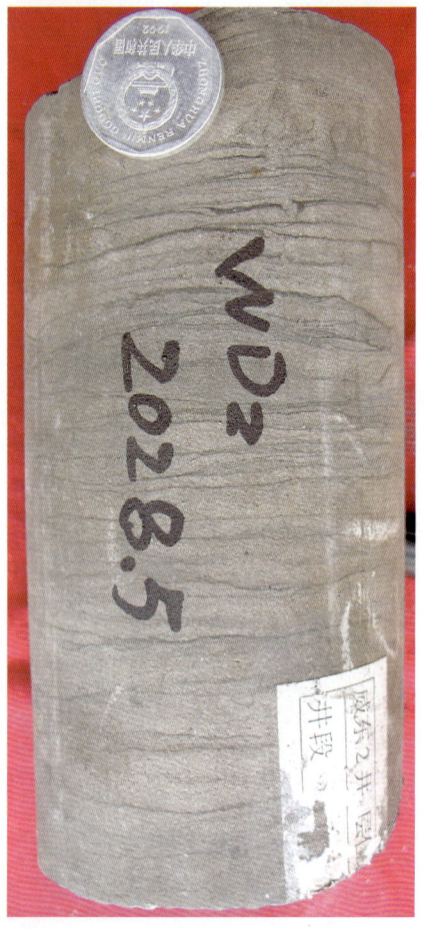

◀ 威东2井，2028.5m

灰色细砂岩，发育脉状层理

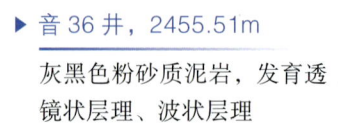

▶ 潼南102井，2192.96m

灰色细砂岩，发育脉状层理

▶ 音36井，2455.51m

灰黑色粉砂质泥岩，发育透镜状层理、波状层理

◀ 蓬莱 7 井，3326.80m

灰黑色泥质粉砂岩与粉砂质泥岩互层，生物扰动强烈

▶ 蓬莱 7 井，3331.64m

灰黑色泥岩，中间发育少量透镜状层理粉砂岩

◀ 蓬莱 7 井，3329.07m

灰黑色泥质粉砂岩，中间夹有薄层泥岩，发育波状层理和透镜状层理

▶ 蓬莱 7 井，3332.67m

灰黑色泥岩，中间发育透镜状层理粉砂岩，见生物潜穴构造

- 161 -

十一、丘状交错层理

▲ 广元须家河剖面，小塘子组
丘状交错层理，纹层界面清晰，粒度存在明显差异

▲ 广元须家河剖面，小塘子组
丘状交错层理，不同纹层与纹层组界面相交，整体构成丘状

第三节　代表性井取心井段典型结构剖面

一、音 36 井

◀ 音 36 井，2463.05m

灰黑色泥岩，块状层理

▶ 音 36 井，2462.02m

灰黑色泥岩，中间夹有薄层粉砂岩，透镜状层理

◀ 音 36 井，2458.65m

上部为碳质层，下部为灰黑色泥岩与粉砂岩互层，粉砂岩发育包卷层理和透镜状层理，见少量生物潜穴

▶ 音 36 井，2461.26m

灰黑色泥岩，中间夹有薄层粉砂岩，粉砂岩发育包卷层理

◀ 音36井，2457.32m

灰黑色泥岩，层面上发育植物茎叶片化石

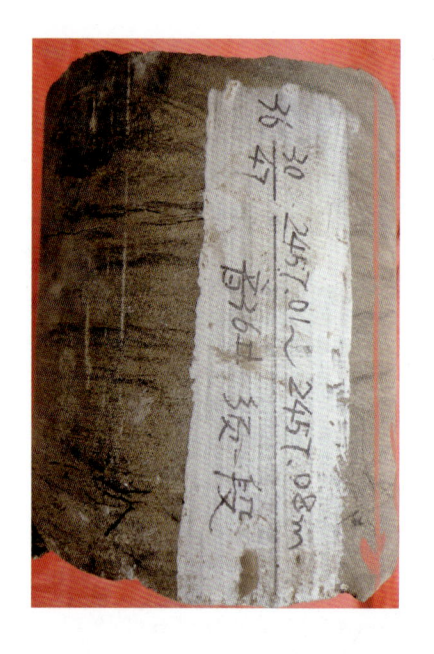

▶ 音36井，2457.01m

灰黑色粉砂岩，中间夹有薄层泥岩，发育波状层理

▶ 音36井，2457.08m，垂直层理方向

灰黑色泥岩，块状层理，发育高角度倾斜的生物潜穴，潜穴底部发育明显的逃逸构造

◀ 音36井，2457.17m

灰黑色泥岩，块状层理，上部发育高角度倾斜的生物潜穴

◀ 音36井，2457.01m

灰黑色泥质粉砂岩，块状层理，发育高角度倾斜的生物潜穴

◀ 音36井，2456.93m

灰黑色泥岩，发育垂直潜穴

▶ 音36井，2456.39m

灰黑色泥岩，层面上见大量生物潜穴

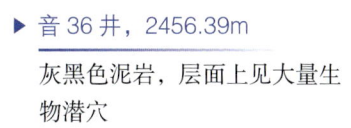

◀ 音36井，2456.79m，平行层理方向

灰黑色泥岩，块状层理，发育高角度倾斜的生物潜穴

▶ 音36井，2455.51m

灰黑色泥岩，层面上见大量生物潜穴

▲ 音36井，2456.69m

灰黑色粉砂岩，块状层理，发育生物逃逸构造，与层面高角度倾斜

▲ 音36井，2456.39m

灰黑色粉砂质泥岩与泥质粉砂岩互层，层面处发育生物逃逸构造和生物潜穴，与层面高角度倾斜

▲ 音36井，2456.79m，垂直层理方向

灰黑色泥岩，块状层理，发育高角度倾斜的生物潜穴

- 165 -

◀ 音36井，2455.51m

灰黑色泥岩，中间夹有薄层粉砂岩。发育透镜状层理，见少量生物扰动构造

▶ 音36井，2457.08m，垂直层理方向

灰黑色泥岩，块状层理，发育高角度倾斜的生物潜穴，多个潜穴相互贯通，局部见透镜状砂体

◀ 音36井，2457.17m

灰黑色泥岩，块状层理，上部发育垂直生物潜穴 *Skolithos*

▶ 音36井，2455.21m，垂直层理方向

灰黑色泥岩，块状层理，发育高角度倾斜的生物潜穴，局部见透镜状层

◀ 音36井，2457.17m

灰黑色泥岩，层面上见大量生物潜穴

▶ 音36井，2455.21m

灰黑色泥岩，块状层理，发育高角度倾斜的生物潜穴

▲ 音36井，2454m
灰黑色泥岩，层面上见大量生物角质层

▲ 音36井，2453.09m
上部为灰黑色粉砂质泥岩，发育大量生物潜穴，与层面垂直或倾斜；下部为泥质粉砂岩

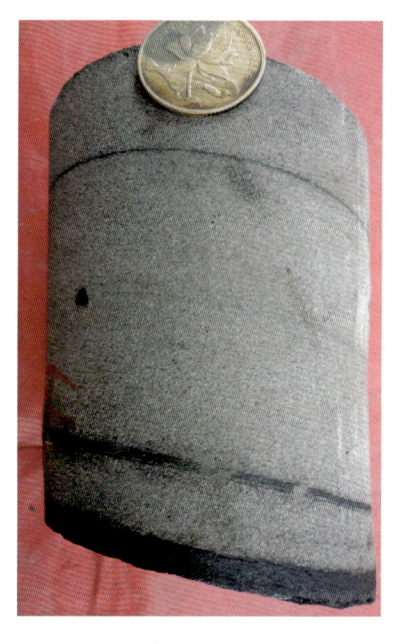

▲ 音36井，2448.21m
灰色粗砂岩，发育槽状交错层理，中间夹有薄层状泥岩，泥岩中发育少量生物潜穴

◀ 音36井，2452.87m
灰色含砾砂岩，块状层理，砾石成分为泥质，呈棱角状—次棱角状

▶ 音36井，2448.21m
灰色粗砂岩，发育槽状交错层理，中间夹有条带状泥岩

◀ 音 36 井，2447.95m

灰色细砂岩，发育楔状交错层理

▶ 音 36 井，2447.95m

灰色中砂岩，楔状交错层理

◀ 音 36 井，2447.83m

灰色细砂岩，发育楔状交错层理

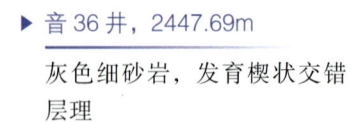

▶ 音 36 井，2447.69m

灰色细砂岩，发育楔状交错层理

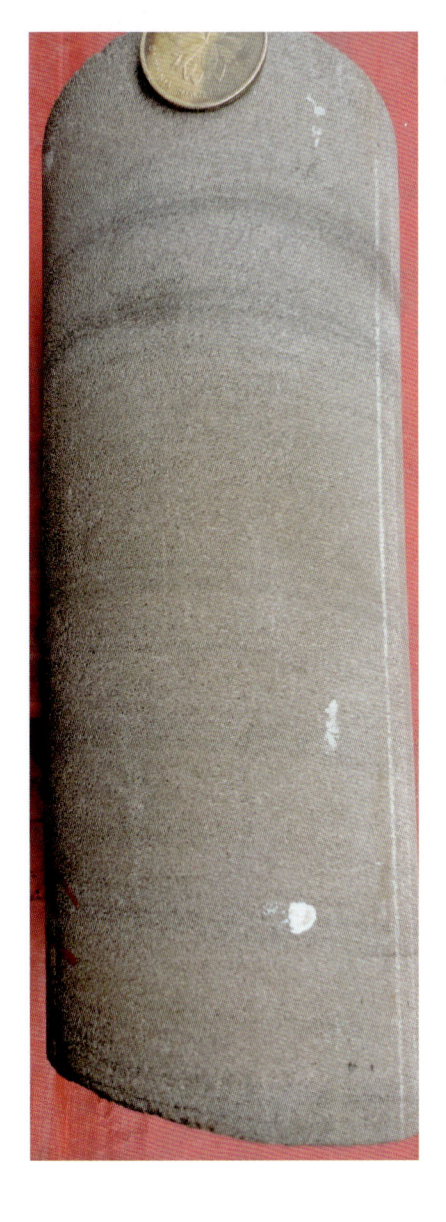

◀ 音36井，2447.48m

灰色细砂岩，发育楔状交错层理

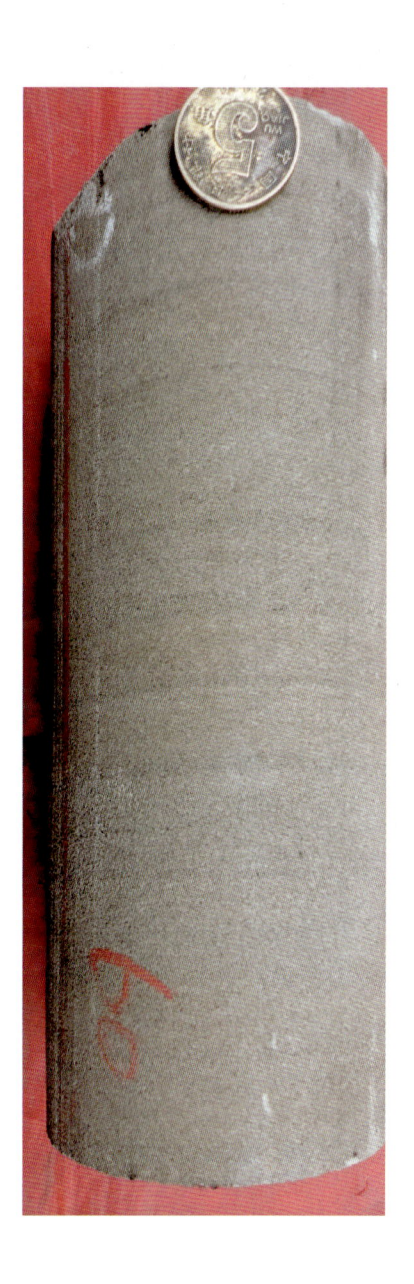

▶ 音36井，2447.28m

灰色中砂岩，楔状交错层理

◀ 音36井，2446.71m

灰色中砂岩，楔状交错层理

▲ 音36井，2440.31m
中上部为浅灰色粗砂岩，含有大量泥砾和泥岩撕裂屑，发育冲刷—充填构造；下部为灰色细砂岩，块状层理

▲ 音36井，2440.15m
中上部为灰色中砂岩，块状交错层理；下部为灰色粗砂岩，含有大量碳质砾

▲ 音36井，2439.95m
浅灰色粗砂岩，块状交错层理

◀ 音36井，2453.28m
浅灰色砾岩，砾石成分为碳酸盐岩，棱角状

▲ 音36井，2440.31m
浅灰色粗砂岩，含有碳质条带，楔状交错层理

▲ 音36井，2395.03m
浅灰色粉砂岩与灰黑色泥岩薄互层，发育大量生物逃逸构造和生物潜穴

▲ 音36井，2395.03m
浅灰色粉砂岩与灰黑色泥岩薄互层，泥岩呈条带状，局部发生尖灭，发育大量生物逃逸构造和生物潜穴

▲ 音36井，2411.57m
浅灰色泥岩，块状层理

▲ 音36井，2365.04m
浅灰色泥质粗砂岩，发育槽状交错层理

◀ 音36井，2359.89m

浅灰色含砾粗砂岩，砾石成分为泥砾，呈棱角状

▶ 音36井，2363.67m

浅灰色中砂岩，块状层理，中部发育冲刷—充填构造、泥砾和泥质条带

◀ 音36井，2364.91m

浅灰色粗砂岩，楔状交错层理，上部发育碳质条带

▶ 音36井，2302.77m

浅灰色细砂岩，发育平行层理

▶ 音36井，2352.65m

上部为浅灰色块状细砂岩，下部为灰白色含砾粗砂岩，砾石主要为泥砾，呈次棱角状。由下至上，粒度变细，整体呈正粒序

▶ 音36井，2358.13m

浅灰色中砂岩，块状层理，中下部含有次棱角状泥砾

▲ 音36井，2303.06m

浅灰色粗砂岩，平行层理

◀ 音36井，2336.71m

岩心底部见冲刷—充填构造，冲刷面上发育含砾粗砂岩，砾石成分为泥砾，呈撕裂状，上部为中砂岩。由下至上呈正粒序层理

▶ 音36井，2339.88m

灰色粗砂岩，槽状交错层理

▶ 音36井，2349.55m

下部为灰色平行层理中砂岩，上部为块状层理细砂岩，由下至上呈正粒序

▼ 音36井，2322.52m

灰色含砾粗砂岩，块状层理，砾石成分为碳质，呈撕裂状

▲ 音 36 井，2316.5m
浅灰色粗砂岩，中间含有碳质砾。砾石主要呈撕裂状，顺层排列

▲ 音 36 井，2304.42m
浅灰色粗砂岩，块状层理

▲ 音 36 井，2310.48m
浅灰色粗砂岩，槽状交错层理

▲ 音 36 井，2303.06m
浅灰色中砂岩，平行层理

▲ 音36井，2302.77m
浅灰色中砂岩，楔状交错层理

▲ 音36井，2295.13m
浅灰色粗砂岩，块状层理，中间含有条带状碳质砾

▲ 音36井，2297.91m
浅灰色粗砂岩，块状层理

▶ 音36井，2300.92m
深灰色粉砂岩，块状层理

▶ 音36井，2288.64m
浅灰色粗砂岩，发育平行层理

▲ 音36井，2289.12m
浅灰色粗砂岩，发育波状交错层理

◀ 音36井，2288.76m

浅灰色中砂岩，楔状交错层理

▶ 音36井，2288.25m

浅灰色粗砂岩，块状层理

◀ 音36井，2288.41m

浅灰色中砂岩与灰黑色泥岩互层，发育揉皱变形构造

▶ 音36井，2269.88m

灰黑色泥岩，块状层理

◀ 音36井，2264.51m

灰黑色粉砂岩，块状层理，发育垂直生物潜穴 *Ophiomorpha*

▶ 音36井，2251.16m

灰黑色粉砂岩与泥质粉砂岩互层，发育透镜状层理和波状层理

◀ 音36井，2254.47m

浅灰色粗砂岩，槽状交错层理

▶ 音36井，2248.87m

灰黑色含砾中砂岩，砾石成分为泥质，呈撕裂状、次棱角状

◀ 音36井，2259.02m

灰黑色含砾中砂岩，砾石成分为泥质，呈撕裂状、次棱角状

▲ 音36井，2243.21m
浅灰色中砂岩，平行层理

▲ 音36井，2242.58m
浅灰色粗砂岩，槽状交错层理

▲ 音36井，2242.39m
浅灰色粗砂岩，槽状交错层理

▶ 音36井，2235.72m
浅灰色中砂岩，槽状交错层理

◀ 音36井，2229.76m
浅灰色中砂岩，平行层理

◀ 音36井，2234.74m
浅灰色粗砂岩，槽状交错层理

▲ 音36井，2230.60m
浅灰色含砾粗砂岩，砾石成分为泥砾，呈次圆状，顺层排列

◀ 音 36 井，2228.19m
浅灰色中砂岩，槽状交错层理

▶ 音 36 井，2235.72m
上部为灰色平行层理中砂岩，下部为浅灰色槽状交错层理粗砂岩

◀ 音 36 井，2225.14m
浅灰色中砂岩，平行层理

▶ 音 36 井，2242.58m
上部为灰色平行层理中砂岩，下部为浅灰色槽状交错层理粗砂岩

▲ 音36井，2262.76m
灰色泥质粉砂岩，中间夹有薄层细砂岩，发育泄水构造

▲ 音36井，2263.18m
灰色泥质粉砂岩，发育块状层理

▲ 音36井，2263.63m
灰色泥质粉砂岩，发育块状层理

▶ 音36井，2259.02m
灰色含砾细砂岩，砾石成分为泥砾，呈次棱角状

▲ 音36井，2258.88m
灰色含砾细砂岩，砾石成分为泥砾，呈次棱角状

▲ 音36井，2263.18m
灰色含砾中砂岩，砾石成分为泥质，呈棱角状、撕裂状，下部发育包卷层理

▲ 音36井，2258.67m
灰色含砾中砂岩，砾石成分为泥质，呈棱角状、撕裂状

◀ 音36井，2258.60m
灰色含砾中砂岩，砾石成分为泥质，呈棱角状、撕裂状

◀ 音36井，2258.44m

灰色含砾细砂岩，砾石成分为泥砾，呈次棱角状、撕裂状、片状

▶ 音36井，2258.18m

灰色含砾细砂岩，砾石成分为泥砾，呈次棱角状、撕裂状、片状，部分泥砾呈包卷状、直立状

▶ 音36井，2257.98m

灰色粗砂岩，含有少量泥质撕裂屑

▶ 音36井，2249.10m

灰色中砂岩，含有少量泥砾

◀ 音36井，2259.39m

灰黑色粉砂岩，发育泄水构造

▶ 音36井，2248.68m

灰色细砂岩，发育波状层理，中间见小型泄水构造

◀ 音36井，2248.87m

灰色含砾细砂岩，砾石成分为泥砾，呈次棱角状、撕裂状、片状

▶ 音36井，2248.41m

灰色细砂岩，发育波状层理，中间见小型泄水构造

◀ 音36井，2248.62m

灰色含砾细砂岩，砾石成分为泥砾，呈次棱角状、撕裂状、片状

◀ 音36井，2248.12m

灰色含砾细砂岩，砾石成分为泥砾，呈团块状、次棱角状

▶ 音36井，2248.00m

灰色细砂岩，泄水构造发育

◀ 音36井，2247.54m

灰色含泥砾细砂岩，发育包卷层理和泄水构造

▶ 音36井，2247.90m

灰色细砂岩，上部发育包卷层理

▶ 音36井，2247.78m

灰色含砾细砂岩，泥石成分为泥砾，呈撕裂状，发育包卷层理

◀ 音36井，2246.77m

灰黑色粉砂岩，发育泄水构造

▶ 音36井，2246.43m

灰色含泥砾细砂岩，发育包卷层理和泄水构造

◀ 音36井，2246.86m

灰黑色粉砂岩，发育波状层理

▶ 音36井，2246.53m

灰色含泥砾细砂岩，砾石呈次棱角状或次圆状

◀ 音36井，2246.08m

灰色细砂岩，富含小型泥砾，泥砾呈次棱角状，发育块状层理

▶ 音36井，2244.23m

灰色中砂岩，发育块状层理

▲ 音36井，2244.01m

灰色中砂岩，发育块状层理

▶ 音36井，2242.39m

灰色中砂岩，发育楔状交错层理

◀ 音36井，2243.21m

灰色细砂岩，平行层理

▶ 音36井，2230.55m

灰色中砂岩，发育楔状交错层理

◀ 音36井，2242.10m
灰色细砂岩，楔状交错层理

▶ 音36井，2229.98m
灰色中砂岩，发育楔状交错层理

▲ 音36井，2230.23m
灰色中砂岩，发育平行层理

◀ 音36井，2215.45m

灰色粗砂岩，块状层理

▶ 音36井，2206.00m

灰色中砂岩，发育楔状交错层理

◀ 音36井，2192.52m

浅灰绿色泥岩，块状层理

▶ 音36井，2199.74m

灰色粗砂岩，发育槽状交错层理

◀ 音36井，2203.35m
灰色粗砂岩，平行层理

▶ 音36井，2201.35m
灰色中砂岩，发育楔状交错层理

◀ 音36井，2180.35m
灰色含砾细砂岩，砾石成分为泥砾，呈团块状、块状层理

▶ 音36井，2199.49m
灰色中砂岩，发育楔状交错层理

◀ 音36井，2196.47m
灰色粗砂岩，平行层理

▶ 音36井，2194.17m
灰色中砂岩，发育波状交错层理

◀ 音36井，2180.16m
灰色含砾细砂岩，砾石成分为泥砾，呈条带状、撕裂状、块状层理

▶ 音36井，2190.05m
灰黑色泥岩与浅灰色粉砂质泥岩薄互层，发育透镜状层理、波状层理和生物潜穴构造

二、广安 101 井

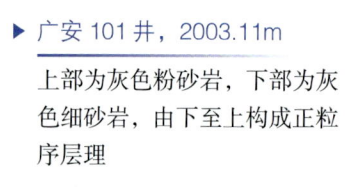

◀ 广安 101 井，2003.34m
灰色细砂岩，波状层理

▶ 广安 101 井，2003.11m
上部为灰色粉砂岩，下部为灰色细砂岩，由下至上构成正粒序层理

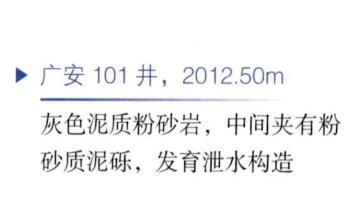

◀ 广安 101 井，2007.63m
灰黑色碳质泥岩，块状层理

▶ 广安 101 井，2012.50m
灰色泥质粉砂岩，中间夹有粉砂质泥砾，发育泄水构造

◀ 广安 101 井，2014.48m
灰色细砂岩，块状层理

▶ 广安 101 井，2015.35m
浅灰色中砂岩，楔状交错层理

◀ 广安 101 井，2014.88m
灰色细砂岩，平行层理

▶ 广安 101 井，2016.07m
浅灰色粗砂岩，槽状交错层理

◀ 广安 101 井，2015.86m
浅灰色粗砂岩，槽状交错层理

▶ 广安 101 井，2020.98m
浅灰色中砂岩，楔状交错层理

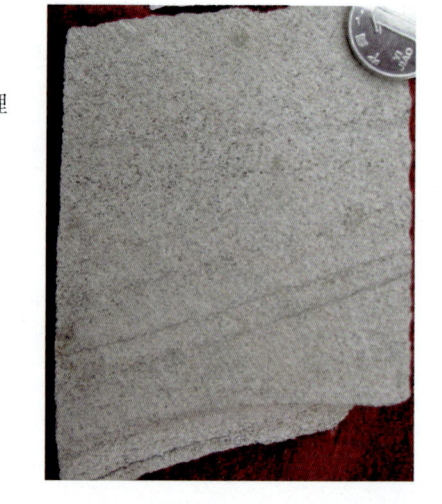

▶ 广安101井，2026.90m

浅灰色中砂岩，楔状交错层理

◀ 广安101井，2024.18m

灰色细砂岩，上部为平行层理，下部为块状层理

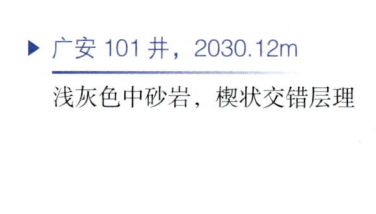

▶ 广安101井，2030.12m

浅灰色中砂岩，楔状交错层理

◀ 广安101井，2026.33m

浅灰色中砂岩，发育槽状交错层理

▶ 广安101井，2032.28m

浅灰色含砾粗砂岩，砾石成分为泥砾，呈次棱角状，块状层理

◀ 广安101井，2028.56m

浅灰色中砂岩，发育波状交错层理

- 196 -

◀ 广安 101 井，2033.49m
灰色中砂岩，发育块状层理

▶ 广安 101 井，2039.46m
浅灰色粗砂岩，槽状交错层理

◀ 广安 101 井，2044.26m
灰色粉砂岩，块状层理，发育少量生物扰动构造

▶ 广安 101 井，2042.94m
浅灰色含泥砾粗砂岩，泥砾呈团块状，块状层理

◀ 广安 101 井，2043.71m
浅灰色含泥砾粗砂岩，泥砾呈团块状、长条状、次棱角状，块状层理

◀ 广安101井，2044.7m

上部为灰色泥质粉砂岩，下部为浅灰色细砂岩，发育波状层理

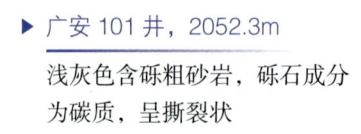

▶ 广安101井，2052.3m

浅灰色含砾粗砂岩，砾石成分为碳质，呈撕裂状

◀ 广安101井，2047.3m

浅灰色细砂岩，发育楔状交错层理

▶ 广安101井，2052.7m

浅灰色粗砂岩，槽状交错层理

◀ 广安101井，2049.8m

浅灰色中砂岩，块状层理

▶ 广安101井，2054.05m

浅灰色含泥粗砂岩，泥砾呈碎片状、撕裂状、次棱角状，块状层理

◀ 广安 101 井，2058.7m
浅灰色槽状交错层理粗砂岩

▶ 广安 101 井，2056.26m
浅灰色粗砂岩，平行层理

◀ 广安 101 井，2060.43m
浅灰色粗砂岩，块状层理

▶ 广安 101 井，2074.03m
浅灰色含砾粗砂岩，砾石成分为碳质，呈撕裂状，块状层理

◀ 广安 101 井，2062.69m
浅灰色含砾粗砂岩，砾石成分为碳质，呈撕裂状，块状层理

▶ 广安 101 井，2078.33m
浅灰色粗砂岩，块状层理，中间含有少量团块状泥砾

◀ 广安101井，2078.33m

浅灰色含砾粗砂岩，砾石成分为碳质，呈棱角状、撕裂状，块状层理

▶ 广安101井，2089.01m

浅灰色中砂岩，块状层理

◀ 广安101井，2086.24m

浅灰色中砂岩，平行层理

▶ 广安101井，2097.39m

浅灰色中砂岩，槽状交错层理

◀ 广安101井，2091.75m

浅灰色含砾粗砂岩，砾石成分有燧石、泥质，呈团块状、棱角状，块状层理

◀ 广安 101 井，2227.49m
浅灰色中砂岩，块状层理

▶ 广安 101 井，2233.82m
浅灰色中砂岩，楔状交错层理

◀ 广安 101 井，2230.25m
浅灰色中砂岩，楔状交错层理

▶ 广安 101 井，2234.25m
浅灰色中砂岩，楔状交错层理

◀ 广安101井，2235.43m

上部为楔状交错层理中砂岩，下部为含砾中砂岩，砾石成分为碳质，呈条带状、撕裂状

▶ 广安101井，2254.07m

上部为浅灰色粗砂岩，下部为灰黑色泥岩，中间发育冲刷—充填构造

◀ 广安101井，2237.90m

浅灰色粗砂岩，楔状交错层理

▶ 广安101井，2257.06m

浅灰色块状层理粗砂岩

◀ 广安101井，2249.49m

浅灰色含砾粗砂岩，砾石成分为碳质，块状层理

▶ 广安101井，2257.25m

浅灰色含砾粗砂岩，砾石成分为碳质，呈撕裂状，块状层理

◀ 广安 101 井，2263.89m

浅灰色粗砂岩，平行层理

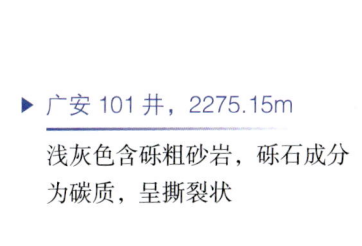

▶ 广安 101 井，2275.15m

浅灰色含砾粗砂岩，砾石成分为碳质，呈撕裂状

◀ 广安 101 井，2269.92m

浅灰色含砾粗砂岩，砾石成分主要为泥质，呈棱角状、块状层理

▶ 广安 101 井，2276.87m

浅灰色粗砂岩，槽状交错层理

◀ 广安 101 井，2273.55m

浅灰色粗砂岩，块状层理

▶ 广安 101 井，2278.53m

浅灰色含砾粗砂岩，砾石成分为碳质，呈撕裂状

◀ **广安101井，2278.64m**

浅灰色粗砂岩，含有少量泥砾，泥砾呈棱角状和条带状，由下至上，颗粒粒度变细

▶ **广安101井，2278.80m**

上部为灰色细砂岩，下部为灰色含砾粗砂岩，砾石主要为棱角状泥砾。由下至上，颗粒粒度变细，呈正粒序

◀ **广安101井，2279.60m**

浅灰色粗砂岩，块状层理

▶ **广安101井，2280.15m**

灰色中砂岩，楔状交错层理

◀ 广安101井，2282.19m

浅灰色中砂岩，中部和下部含有少量泥砾，泥砾呈次圆状和条带状

▶ 广安101井，2290.97m

灰色粗砂岩，楔状交错层理

▶ 广安101井，2294.89m

浅灰色含砾粗砂岩，砾石成分为泥砾，呈棱角状和条带状，块状层理

◀ 广安101井，2283.44m

灰黑色泥岩，块状层理

▶ 广安101井，2315.91m

浅灰色中砂岩，楔状交错层理

三、汉北 1 井

◀ 汉北 1 井，3283.18m

浅灰色粗砂岩，块状层理

▶ 汉北 1 井，3284.08m

灰色中砂岩，楔状交错层理

◀ 汉北 1 井，3284.19m

浅灰色粗砂岩，平行层理

▶ 汉北 1 井，3284.25m

灰色中砂岩，平行层理

◀ 汉北1井，3284.85m

浅灰色粉砂岩，发育液化砂岩脉

▶ 汉北1井，3285.62m

灰色中砂岩，楔状交错层理

◀ 汉北1井，3288.76m

浅灰色粗砂岩，发育块状层理

▶ 汉北1井，3287.46m

灰色中砂岩，楔状交错层理

◀ 汉北 1 井，3290.12m

浅灰色中砂岩，由下至上粒度变粗，发育反粒序层理

▶ 汉北 1 井，3297.03m

灰色中砂岩，平行层理

◀ 汉北 1 井，3296.51m

浅灰色中砂岩，中间含有少量泥砾，呈棱角状

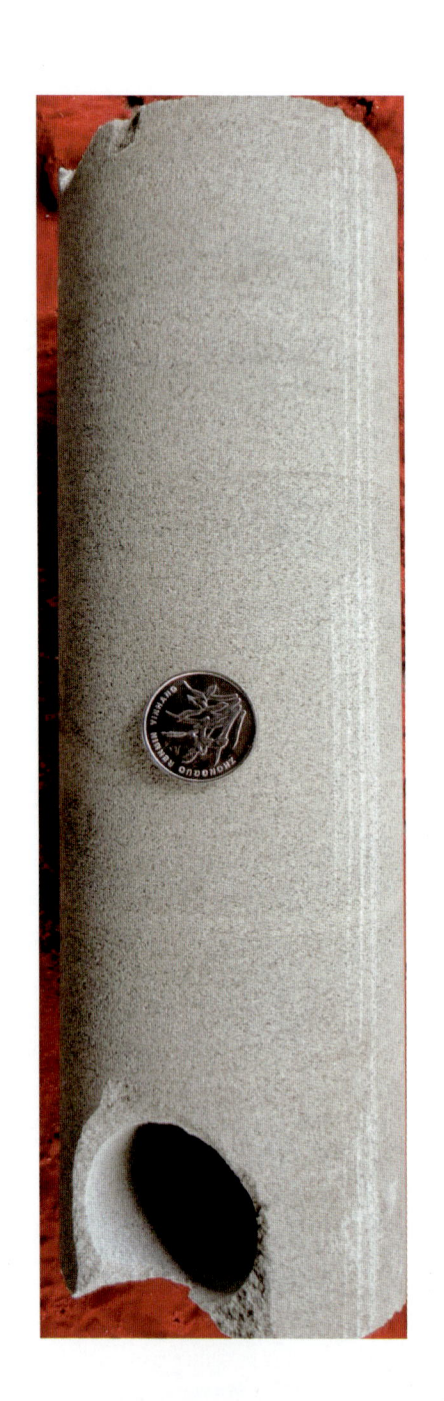

▶ 汉北 1 井，3299.14m

灰色中砂岩，平行层理

◀ 汉北1井，3299.53m
浅灰色中砂岩，楔状交错层理

▶ 汉北1井，3298.63m
灰色中砂岩，楔状交错层理

◀ 汉北1井，3299.75m
浅灰色中砂岩，楔状交错层理

▶ 汉北1井，3298.63m
灰色中砂岩，平行层理

四、莲深 1 井

▶ 莲深 1 井，1（21/43）块
  灰色中砂岩，楔状交错层理

◀ 莲深 1 井，1（12/43）块
  浅灰色中砂岩，块状层理

▶ 莲深 1 井，1（23/43）块
  灰黑色粉砂质泥岩，块状层理

▶ 莲深 1 井，1（24/43）块
  灰黑色泥质粉砂岩，块状层理

◀ 莲深 1 井，1（19-2/43）块
  浅灰色中砂岩，楔状交错层理

▶ 莲深 1 井，1（29/43）块
灰色中砂岩，楔状交错层理

◀ 莲深 1 井，1（26-1/43）块
灰色粉砂岩，波状交错层理

▶ 莲深 1 井，1（31/43）块
灰色中砂岩，上部为楔状交错层理，下部为波状交错层理

◀ 莲深 1 井，1（27/43）块
灰色粉砂岩，波状交错层理

▶ 莲深 1 井，1（34/43）块
灰色中砂岩，块状层理

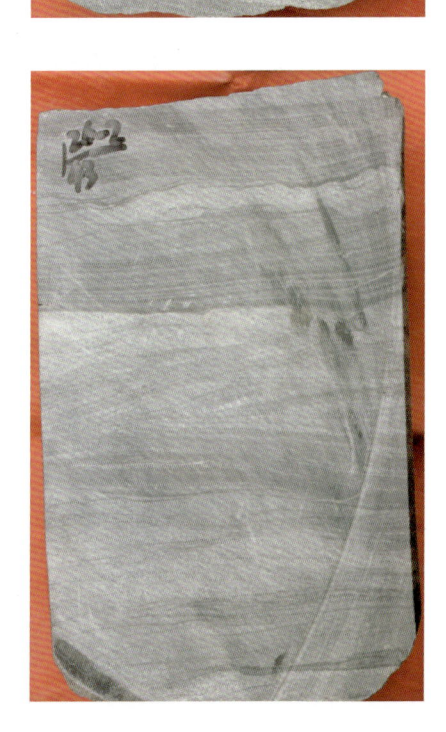

◀ 莲深 1 井，1（26-2/43）块
灰色粉砂岩，波状交错层理

◀ 莲深1井，1（38-1/43）块
浅灰色中砂岩，楔状交错层理

▶ 莲深1井，2（3/106）块
灰色中砂岩，下部发育正粒序层理，上部发育波状交错层理

◀ 莲深1井，1（32/43）块
浅灰色中砂岩，波状交错层理

▶ 莲深1井，2（6/106）块
灰色细砂岩，波状交错层理

◀ 莲深1井，2（2/106）块
浅灰色中砂岩，块状层理

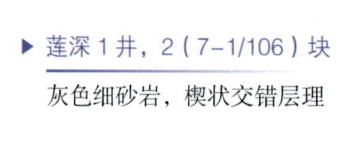

▶ 莲深1井，2（7-1/106）块
灰色细砂岩，楔状交错层理

◀ 莲深 1 井，2（10-2/106）块
浅灰色中砂岩，楔状交错层理

▶ 莲深 1 井，2（18-2/106）块
灰色中砂岩，楔状交错层理

◀ 莲深 1 井，2（13/106）块
浅灰色中砂岩，楔状交错层理

▶ 莲深 1 井，2（19-1/106）块
灰色中砂岩，楔状交错层理

◀ 莲深 1 井，2（15/106）块
浅灰色中砂岩，楔状交错层理

▶ 莲深 1 井，2（21/106）块
灰色中砂岩，楔状交错层理

◀ 莲深1井，2（20/106）块
浅灰色中砂岩，楔状交错层理

▶ 莲深1井，2（49/106）块
灰黑色粉砂质泥岩，生物扰动发育

◀ 莲深1井，2（25/106）块
浅灰色粗砂岩，块状层理

▶ 莲深1井，2（51/106）块
上部为含泥砾粉砂岩，泥砾呈撕裂状，下部为块状层理泥岩，发育包卷层理

◀ 莲深1井，2（36/106）块
浅灰色含砾粗砂岩，砾石成分为碳质，呈条带状，块状层理

◀ 莲深1井，2（39/106）块
浅灰色含砾粗砂岩，砾石成分为碳质，呈条带状，块状层理

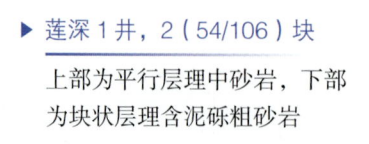

▶ 莲深1井，2（54/106）块
上部为平行层理中砂岩，下部为块状层理含泥砾粗砂岩

▶ 莲深1井，2（64/106）块
灰色粗砂岩，槽状交错层理

▶ 莲深1井，2（84/106）块
灰色粗砂岩，槽状交错层理

◀ 莲深1井，2（58/106）块
上部为浅灰色含泥砾粗砂岩，泥砾呈条带状、棱角状，下部为块状层理粗砂岩

▶ 莲深1井，2（89/106）块
灰色粗砂岩，楔状交错层理

◀ 莲深1井，2（59/106）块
浅灰色粗砂岩，块状层理，含有少量次棱角状泥砾

▶ 莲深1井，2（92-2/106）块
灰色粗砂岩，块状层理

◀ 莲深1井，2（63/106）块
灰色细砂岩，平行层理

◀ 莲深 1 井，2（95/106）块
浅灰色粗砂岩，块状层理

▶ 莲深 1 井，3（9/84）
浅灰色含砾粗砂岩，砾石成分为碳质砾，呈棱角状和条带状，块状层理

◀ 莲深 1 井，3（1/84）块
浅灰色含砾粗砂岩，砾石成分为碳质，呈条带状，块状层理

▶ 莲深 1 井，3（33/84）块
浅灰色粗砂岩，块状层理，含有少量条带状碳质砾

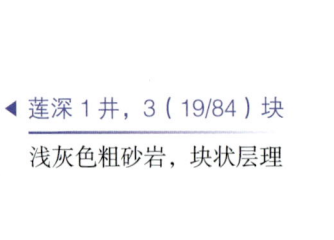

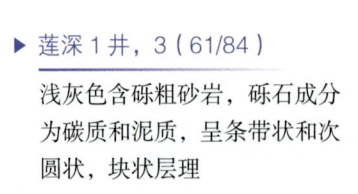

◀ 莲深 1 井，3（19/84）块
浅灰色粗砂岩，块状层理

▶ 莲深 1 井，3（61/84）
浅灰色含砾粗砂岩，砾石成分为碳质和泥质，呈条带状和次圆状，块状层理

参考文献

邓康龄,何鲤,秦大有,等.1982.四川盆地西部晚三叠世早期地层及其沉积环境[J].石油与天然气地质,3(3):204-210.

邓康龄.1992.四川盆地形成演化与油气勘探领域[J].天然气工业,12(5):7-12.

邓康龄.2007.龙门山构造带印支期构造递进变形与变形时序[J].石油与天然气地质,28(4):485-490.

段丽兰.1983.川西北晚三叠世卡尼期的硬珊瑚[J].成都地质学院学报,(2):48-58.

苟宗海.1980.四川江油县马鞍塘地区晚三叠世早期瓣鳃化石新材料[J].成都地质学院学报,(1):105-107.

苟宗海.1993.四川江油马鞍塘地区晚三叠世双壳类动物群[J].古生物学报,32(1):13-32.

韩晓东,楼章华,姚炎明,等.2000.松辽盆地湖泊浅水三角洲沉积动力学研究[J].矿物学报,20(3):305-313.

侯方浩,蒋裕强,方少仙,等.2005.四川盆地上三叠统香溪组二段和四段砂岩沉积模式[J].石油学报,26(2):30-37.

黄其胜.1995.川北晚三叠世须家河期古气候及成煤特征[J].地质论评,41(1):92-99.

贾东,陈竹新,贾承造,等.2003.龙门山褶皱冲断带构造解析与川西前陆盆地的发育[J].高校地质学报,9(3):462-469.

蒋裕强,陶艳忠,沈妍斐,等.2011.对大川中地区上三叠统须家河组二、四、六段砂岩沉积相的再认识[J].天然气工业,31(9):39-50.

金振奎,高白水,李桂仔,等.2014.三角洲沉积模式存在的问题与讨论[J].古地理学报,16(5):569-580.

李三忠,张国伟,李亚林,等.2002.秦岭造山带勉略缝合带构造变形与造山过程[J].地质学报,76(4):469-483.

李勇,苏德辰,董顺利,等.2011.龙门山前陆盆地底部不整合面:被动大陆边缘到前陆盆地的转换[J].岩石学报,27(8):2413-2422.

林畅松,刘景彦,张燕梅,等.2002.库车坳陷第三系构造层序的构成特征及其对前陆构造作用的响应[J].中国科学(D辑),32(3):177-183.

刘树根,邓宾,李智武,等.2011.盆地结构与油气分布——以四川盆地为例[J].岩石学报,27(3):621-635.

刘树根,杨荣军,吴熙纯,等.2009.四川盆地西部晚三叠世海相碳酸盐岩—碎屑岩的转换过程[J].石油与天然气地质,30(5):556-565.

卢孟凝,王若姗.1980.四川盆地西北部马鞍塘组微古植物群的发现及其意义[J].植物学报,22(4):370-381.

罗启后.1983.水进河床充填砂体在古代沉积中的发现——四川盆地中西部上三叠统某些砂体的成因探

讨并试论水进型三角洲[J].沉积学报,1(3):59-68.

罗启后.2011.安县运动对四川盆地中西部上三叠统地层划分对比与油气勘探的意义[J].天然气工业,31(6):4-12.

马永生,梅冥相,陈小兵,等.1999.碳酸盐岩储层沉积学[M].北京:地质出版社77-88.

梅冥相.2010.中上扬子印支运动的地层学效应及晚三叠世沉积盆地格局[J].地学前缘(中国地质大学(北京)),99-111.

商晓飞,侯加根,程远忠,等.2014.厚层湖泊滩坝砂体成因机制探讨及地质意义——以黄骅坳陷板桥凹陷沙河街组二段为例[J].地质学报,88(9):1705-1718.

施振生,王秀芹,吴长江.2011.四川盆地上三叠统须家河组重矿物特征及物源区意义[J].天然气地球科学,22(4):618-627.

施振生,谢武仁,马石玉,等.2012.四川盆地上三叠统须家河组四段—六段海侵沉积记录[J].古地理学报,14(5):583-595.

施振生,杨威,郭长敏,等.2007.川中—川南地区上三叠统滨浅湖沉积中的遗迹化石[J].古生物学报,46(4):453-463.

施振生,杨威,谢增业,等.2010.四川盆地晚三叠世碎屑组分对源区分析及印支运动的指示[J].地质学报,84(3):387-397.

施振生,杨威,赵正望,等.2012.四川盆地上三叠统小塘子组沉积体系及地质意义[J].古地理学报,14(4):1-14.

施振生,杨威.2011.四川盆地上三叠统砂体大面积分布的成因[J].沉积学报,29(6):1058-1068.

时志强,欧莉华,罗凤姿,等.2009.晚三叠世卡尼期黑色页岩事件在龙门山地区的沉积学和古生物学响应[J].古地理学报,11(4):375-383.

孙玉娴,杨季楷.1980.川西北晚三叠世卡尼期钙藻的发现[J].成都地质学院学报,(1):101-104.

王金琪.2012.再论印支期龙门山的形成和发展.天然气工业,32(1):12-21.

王全伟,阚泽忠,刘啸虎,等.2008.四川中生代陆相盆地孢粉组合所反映的古植物与古气候特征[J].四川地质学报,28(2):89-95.

王运生.1992.龙门山晚三叠世早期菊石[J].成都地质学院学报,19(4):28-35.

王正瑛,孙玉娴.1981.川西北上三叠统下部碳酸盐台地沉积相及其与藻和其他生物群的关系[J].成都理工大学学报(自然科学版),3:59-63.

吴熙纯,贝丰,张亮鉴.1985.川西北上三叠统海绵点礁群的含油性评价[J].石油实验地质,7(2):98-106.

吴熙纯,张亮鉴.1982.四川盆地西北部晚三叠世卡尼期的海绵斑块礁[J].地质科学,(4):385-389.

吴熙纯.1984.川西北晚三叠世的海绵动物群[J].古生物学报,29(3):349-365.

吴熙纯.2009.川西北晚三叠世卡尼期硅质海绵礁—鲕滩组合的沉积相分析[J].古地理学报,11(2):125-142.

徐兆辉,汪泽成,胡素云,等.2010.四川盆地上三叠统须家河组沉积时期古气候[J].古地理学报,

12（4）：415-424.

薛良清，Galloway W E. 1991. 扇三角洲、辫状河三角洲与三角洲体系的分类［J］. 地质学报，65（2）：141-152.

杨季楷. 1979. 川西北晚三叠世苔藓虫化石的发现［J］. 成都地质学院学报，（4）：84-90.

叶军. 2003. 川西坳陷马鞍塘组—须二段天然气成矿系统烃源岩评价［J］. 天然气工业，23（1）：21-25.

于兴河，李胜利，李顺利. 2013. 三角洲沉积的结构—成因分类与编图方法［J］. 沉积学报，31（5）：782-797.

于兴河，王德发，郑浚茂，等. 1994. 辫状河三角洲砂体特征及砂体展布模型——内蒙古岱海湖现代三角洲沉积考察［J］. 石油学报，15（1）：26-37.

张健，李国辉，谢继容，等. 2006. 四川盆地上三叠统划分对比研究［J］. 天然气工业，26（1）：12-16.

张勤文. 1981. 松潘—甘孜印支地槽西康群复理石建造沉积特征及其大地构造背景［J］. 地质论评，27（5）：405-412.

张仲武. 四川盆地含油气构造特征及评价. 1989. 见：中国含油气区构造特征［M］. 北京：石油工业出版社，211-228.

赵霞飞，胡东风，张闻林，等. 2013. 四川盆地元坝地区上三叠统须家河组的潮控河口湾与潮控三角洲沉积［J］. 地质学报，87（11）：1748-1762.

赵霞飞，吕宗刚，张闻林，等. 2008. 四川盆地安岳地区须家河组——近海潮汐沉积［J］. 天然气工业，28（4）：14-18.

赵霞飞，张闻林. 2011. 再论四川盆地须家河组的海相潮汐成因［J］. 天然气工业，31（9）：25-30.

郑荣才，戴朝成，罗清林，等. 2011. 四川类前陆盆地上三叠统须家河组沉积体系［J］. 天然气工业，31（9）：16-24.

郑荣才，戴朝成，朱如凯，等. 2009. 四川盆地上三叠统须家河组层序—岩相古地理特征［J］. 地质论评，55（3）：731-744.

郑荣才，李国晖，戴朝成，等. 2012. 四川类前陆盆地盆—山耦合系统和沉积学响应［J］. 地质学报，86（1）：170-180.

郑荣才，朱如凯，翟文亮，等. 2008. 川西类前陆盆地晚三叠世须家河期构造演化及层序充填样式［J］. 中国地质，35（2）：246-253.

钟广法，侯方浩. 1992. 川西北上三叠统须一段沉积体系及生烃潜力［J］. 江汉石油学院学报，14（1）：16-22.

邹才能，赵文智，张兴阳，等. 2008. 大型敞流坳陷湖盆浅水三角洲与湖盆中心砂体的形成与分布［J］. 地质学报，82（6）：813-825.

Allen P A, Burgess P M, Galewsky J, et al. 2001. Flexural—eustatic numerical mode for drowning of the Eocene perialpine ramp and implications for Alpine geodynamics［J］. Geological Society of America, 113:

1032-1066.

Barnes R S K and Hughes R N. 1982. An introduction to marine geology [M]. Oxford, London: Blackwell Scientific Publication, 1-78.

Brunton F R and Dixon O A. 1994. Siliceous sponge—microbe biotic associations and their recurrence through the phanerozoic as reef mound constructors [J]. Palaios, 9: 370-387.

Burchette T P and Wright V P.1992. Carbonate ramp depositional systems[J]. Sedimentary Geology,79: 3-57.

Castle J W. 2001. Foreland-basin sequence response to collisional tectonism [J]. Geological Society of America Bulletin, 113(7): 801-812.

Davis Jr. R A, Yale K E, Pekala J M, et al. 2003. Barrier island stratigraphy and Holocene history of west-central Florida[J]. Marine Geology, 20: 103-123.

Dickinson W R, Suczek C A. 1979. Plate tectonics and sandstone compositions[J]. AAPG Bulletin, 63(12): 2164-2182.

Donaldson A. 1974. Pennsylvanian sedimentation of central Appalachians [M]. Geological Society of America Special Papers, 148: 47-78.

Feldman H R, Brown M A, Archer A W. 1993. Benthic assemblages as indicators of sediment stability: evidence from grainstones of the Harrodsburg and Salem limestones (Mississippian Indiana) [J]. //Keith B D and Zuppann C W. Mississippian oolithes and modern analogs studies in geology. AAPG, 35: 115-128.

Flügel E. 2004. Microfacies of Carbonate rocks, Analysis, Interpretation and Application [M]. Berlin Germany: Springer-Verlog, 1-916.

Flügel E. 1982. Microfacies analysis of limestone [M]. Berlin, Heidelberg, New York: Springer-Verlog, 1-245.

Friedman G M and Sanders J E. 1978. Principles of sedimentology [M]. Wiley, 1-230.

Galloway W E. 1976. Sediments and stratigraphic framework of the Copper River fan delta [J]. Journal of Sedimentology Petrology, 46: 726-737.

Haq B, Hardenbol J, Vail P R. 1987. Chronology of fluctuating sea levels since the Triassic [J]. Science, 235 (4793): 1156-1167.

Hine A C, Evans M W, Davis R A, et al. 1987. Depositional response to seagrass mortality along a low—energy, barrier—island coast: west—central florida [J]. Journal of Sedimentary Petrology, 57: 431-439.

Hodgkinson J, Cox M E, Mcloughlin S, Huftile G J. 2008. Lithological heterogeneity in a back—barrier sand island: Implication for modelling hydrogeological frameworks[J]. Sedimentary Geology, 203: 64-86.

Leinfelder R R. 2001. Jurassic reef ecosystems [J]. //Stanley G D. The history and sedimentology of ancient reef systems. New York, USA: Kluwer Academic /Plenum Publishers, 251-309.

Li Y, Allen P A, Densmore A L. 2003. Geological evolution of the Longmen Shan foreland basin (western Sichuan, China) during the Late Triassic Indosinian Orogeny [J]. Basin Research, 15: 117-136.

Meng Qingren, Wang Erchie, Hu Jianmin. 2005. Mesozoic sedimentary evolution of the northwest Sichuan basin: implication for continued clockwise rotation of the South China block [J]. GSA Bulletin, 17 (3): 396–410.

Nemec W and Steel R J. 1988. Fan deltas: sedimentology and tectonic settings[J]. Blackie, London, 1–444.

Orton G J and Reading H G. 1993. Variability of deltaic processes in terms of sediment supply, with particular emphasis on grain size [J]. Sedimentology, 40 (3): 475–512.

Rautman C A. 1978. Sedimentology of late Jurassic barrier—island complex; lower Sundance Formation of Black Hills[J]. AAPG bulletin, 62 (11): 2275–2289.

Read J F. 1982. Carbonate platforms of passive (extensional) continental margins: types, characteristics and evolution [J]. Tectonophysics, 81: 195–212.

Read J F. 1985. Carbonate platform facies models [J]. AAPG Bulletin, 69: 1–21.

Riding R. 2002. Structure and composition of organic reefs and carbonate mud mounds: concepts and categories [J]. Earth—Science Reviews, 58: 163–231.

Rosati J D, Dean R G, Stone G W. 2010. A cross—shore model of barrier island migration over a compressible substrate[J]. Marine Geology, 271: 1–16.

Saylor B Z, Grotzinger J P and Germs G J B. 1995. Sequence stratigraphy and sedimentology of the Neoproterozoic Kuibis and Schwarzrand subgroups (Nama Group), southwestern Namibia [J]. Precambrian Research, 73: 153–171.

Stephen P L, Michael R R, John E S. 1983. Barrier island evolution in response to sea level rise: discussion and reply[J]. Journal of Sedimentary Research, 53 (3): 1026–1033.

Taylor A M and Goldring R. 1993. Description and analysis of bioturbation and ichnofabric[J]. Journal of the Geological Society, London, 150: 141–148.

Weislogel A L, Graham S A, Chang E Z, et al.2006.Detrital zircon provenance of the Late Triassic Songpan-Ganzi complex: Sedimentary record of collision of the North and South China Blocks [J]. Geology, 34: 97–100.

Wright V P and Burchette T P.1998. Carbonate ramps: an introduction [J]. // Wright V P and Burchette T P. Carbonate ramps. Geological Society.London: Special Publications, 149: 1–5.